"十二五"职业教育国家规划教材配套实验教材

化学实验技术

第2版

李爱勤　侯学会　主编

中国农业大学出版社
·北京·

内 容 简 介

本书是根据高职高专技能型人才的培养目标，以训练学生化学实验操作技能为主要目的而编写的。内容包括：化学实验基本知识、化学实验基本技能、常用仪器介绍、化学基本操作技能训练项目、化学基础实训项目、化学综合实验六个模块。

本书内容简明扼要，条理清晰，实用性强，可作为高等职业教育基础化学实验的教材，也适合成人教育使用。

图书在版编目(CIP)数据

化学实验技术/李爱勤，侯学会主编．—2版．--北京：中国农业大学出版社，2014.9(2018.9重印)

ISBN 978-7-5655-0992-6

Ⅰ.①化… Ⅱ.①李… ②侯… Ⅲ.①化学实验-高等职业教育-教材 Ⅳ.①O6-3

中国版本图书馆 CIP 数据核字(2014)第 134566 号

书　名　化学实验技术　第2版

作　者　李爱勤　侯学会　主编

策划编辑　姚慧敏　伍　斌　　责任编辑　冯雪梅

封面设计　郑　川　　责任校对　陈　莹　王晓凤

出版发行　中国农业大学出版社

社　址　北京市海淀区圆明园西路2号　　邮政编码　100193

电　话　发行部 010-62818525，8625　　读者服务部 010-62732336

编辑部 010-62732617，2618　　出　版　部 010-62733440

网　址　http://www.cau.edu.cn/caup　　e-mail cbsszs @ cau.edu.cn

经　销　新华书店

印　刷　北京鑫丰华彩印有限公司

版　次　2014年9月第2版　2018年9月第3次印刷

规　格　787×1 092　16开本　10印张　240千字

定　价　22.00元

编写人员

主　　编　李爱勤　侯学会

副 主 编　杨新玲　赵立魁

编　　委　（按姓氏笔画排序）

任　聪　　李昕祎　　李爱勤　　苏　楠

杨新玲　　赵立魁　　侯学会

前　言

本书是根据高等职业教育技能型人才的培养目标，以训练学生化学实验操作技能为主要目的而编写的，是适用于高职高专院校相关专业的化学基础课程教材。

本书根据高职高专职业教育的特点和培养模式转变以及教学方法改革的需求，以训练学生基本操作技能和培养学生素质能力为目标，同时加强与社会实践紧密结合。本书的编写突出了以下特点：

1. 强化基本技能训练，注重培养学生的动手能力

本书改革了传统的化学实验教学体系，内容上进行了重新组合，以基本知识和基本技能训练为主，将化学实验分解为 6 个模块，整个编排由易到难，循序渐进，全面提高。从模块一到模块三为化学实验基本知识、基本技能和常用仪器介绍；模块四以基本操作技能为单元编写了化学实验常用操作技能训练；模块五编排了 17 个实验项目，涵盖了无机化学、分析化学、有机化学的实验内容，每个实验都紧密结合生产实践又进一步强化基本技能训练。

2. 突出教学内容的实用性

结合专业和社会的需求，本书选编了与生产实践密切结合，实用性强，操作较简单的实验项目，降低理论难度，规范实验操作内容，增加了实验的可操作性。

3. 提倡绿色化学实验

在本书的编写过程中，尽量选编毒性小，对环境污染少的实验，避免化学物质对人类和环境带来危害。

4. 提高学生的综合能力

模块六编写了综合性化学实验，每个实验项目前都有实训及实验目标，实验项目后都有启发性思考题，以提高学生的分析问题、解决问题的能力。

参加本教材编写的有河南牧业经济学院李爱勤（模块五，化学基础实训项目；模块四，化学基本操作技能训练项目），河南牧业经济学院侯学会（模块二，化学实验基本技能；模块六，化学综合实验），河南牧业经济学院杨新玲、赵立魁、任聪、苏楠和河南电视台李昕祎（模块一，化学实验基本知识；模块三，常用仪器介绍；附录；参考文献）。

本教材的编写过程中吸取了许多兄弟院校的宝贵经验，并得到了中国农业大学出版社的大力支持和帮助，在此一并致谢。

限于编者水平有限，书中错误和不妥之处恳请读者批评、指正。

编　者

2014 年 4 月

目 录

模块一　化学实验基本知识

第一节　化学实验的要求

第二节　化学实验室安全常识

第三节　化学实验常用玻璃仪器与器材

第一节　化学实验的要求

化学是一门实验性较强的学科，实验教学是化学教学过程的重要环节。化学实验是高等农林专科院校各有关专业的第一门实验课，它是后继实验课的重要基础。在化学实验中，学生借助仪器、试剂观察通常条件下难以发现和理解的自然过程和规律，加深对化学基本理论的理解。同时通过实验课可以掌握实验基本操作，培养查阅文献、设计实验方案的能力。

一、化学实验的目的

(1)通过实验，可以直接获得大量的化学事实，验证、巩固、加深课堂上讲授的基本理论和基础知识。

(2)实验中，自己动手，实际训练，可正确地掌握化学实验的基本操作方法和技能技巧。

(3)通过实验可以培养学生独立工作和独立思考的能力。如观察实验现象，正确记录实验现象，分析归纳、综合、合理处理数据；正确表达实验结果及合理的组织实验；用所学理论解释某些现象。

(4)通过实验培养学生求实、求真、存疑、艰苦创业、勤奋不懈、谦虚好学、乐于协作的科学品德和科学精神。

化学实验教学是实施全面化学教育的一种最有效的教学形式。全面的化学教育既要传授化学知识和技术，更应训练科学思维和方法，培养献身于科学事业的精神和品德。因此，对化学实验课应该给予充分的重视。

二、化学实验的学习方法

实验要独立完成，其效果与实验者的学习态度和学习方法密切相关。这里介绍一些必要的学习方法。

1. 实验前充分预习

预习是做好实验的前提和保证，预习工作应做到：

(1)认真阅读实验教材，复习理论教材中的有关章节，明确实验目的，掌握实验原理；熟悉实验内容、主要操作步骤及数据的处理方法；预习(或复习)基本操作和仪器的使用及实验教材中的思考题；合理安排时间。

(2)从手册或资料中查出实验中所需数据或常数。

(3)用自己的语言或示意式写出预习报告，做到简明扼要、清晰、切勿照书抄。

预习报告(学生应准备一个专用本子)一般包括以下内容(根据具体情况取舍)。

①实验题目。

②实验目的。

③实验原理：简要地用文字和化学反应方程式说明。

④仪器和试剂：所用仪器型号、重要的仪器装置图、药品规格及溶液浓度等。

⑤实验步骤：简要叙述或用方块式、箭头式表示。

⑥实验中所需数据或常数。

⑦思考题的回答。

2. 认真实验

按实验教材中的步骤独立操作。仔细观察实验现象，认真测定数据并及时如实地做好详细记录。原始数据不得涂改，如有记错可在原始数据上划一道杠，再在旁边写上正确值。

实验中要勤于思考，仔细分析，力争自己解决问题。碰到疑难问题而自己难以解决时，可请教师指导。

如发现实验现象与理论不符，应尊重实验事实，并认真分析和检查原因，也可做对照试验、空白试验来核对。必要时应多次重做验证，从中得到有益的科学结论。

在实验过程中应保持肃静，严格遵守实验室工作规则。

3. 正确撰写实验报告

实验做完后，应对实验现象进行解释并做出结论，或根据实验数据进行处理和计算，独立完成实验报告，交指导教师审阅。书写实验报告要结论明确、计算准确、字迹端正、绘图规范、简明扼要、整齐清洁。

由于实验类型不同，实验报告的要求、格式等也有所不同，但实验报告的内容大同小异，一般包括三部分：预习部分、记录部分和数据整理及结论部分。

(1)预习部分实验前完成。

(2)记录部分　记录又称原始记录，要根据实验类型自行设计记录项目或表格，在实验中及时记录。这部分内容一般包括实验药品及用量、实验条件、实验现象、检测数据(有的实验数据直接由仪器自动记录或画成图像)等。对记录的基本要求如下：

①记录必须准确、简明(但必要的数据和现象应记全)、清楚，要使别人也容易看懂。

②记录本和篇页都应编号，不要随便撕去。切莫用小纸片做实验记录。

③记录若有错误，应划掉重写，不得涂改。每次实验结束时，应将所得数据交老师审阅，然后进行计算，绝对不允许私自凑数据。

④在记录数据时，一切数字都应记录到第一位可疑数字为止。

(3)数据整理及结论部分(实验后完成)

①结果计算　制备与合成类实验要求有理论产量计算、实际产量及产率计算；分析类实验要求写出计算公式和计算过程，计算实验误差并且报告结果；物理化学参数的测定要求有必要的计算公式和计算过程，并用列表法或图解法表达出来。

②问题讨论及现象分析　对实验中遇到的问题、异常现象进行讨论，分析原因，提出解决办法，对实验结果误差进行分析，说明原因。

③实验总结　对所做实验进行总结并做出结论，对实验提出改进意见。

三、学生实验守则

实验室是学生训练基本操作能力、进行科学实验、培养理论联系实际等良好工作习惯的场所。因此,实验前学生应对所处的实验室有个基本的了解。同时,为保证实验的顺利进行和能够得出正确地分析结果,还应遵守一定的实验室规则。

1. 实验前

(1)按时上下课,不迟到,不早退。

(2)实验前必须认真预习,明确实验目的,掌握实验原理,找出实验所需仪器及试剂,熟悉实验内容及步骤,写好预习报告,对将要进行的实验做到心中有数。

(3)认真听老师实验前的讲解,牢记实验注意事项,明确所需仪器及试剂的位置。

2. 实验中

(1)准备好实验所需的仪器及试剂,整理好自己的实验台。

(2)严格按照实验步骤进行操作,认真观察实验现象,并及时、准确、忠实地将原始实验数据记录在专用记录本上。

(3)禁止私自进行实验,若进行其他实验,必须先经老师审查批准后才行。

(4)当实验中发现异常情况时,应根据具体情况,及时采取相应的措施,并在老师的启发下,自己探究其原因,培养学生发现问题、分析问题和解决问题的科学实验态度。

(5)实验时保持安静,不大声说话不窜位,独立认真地进行实验,禁止在实验室吃东西。

(6)认真使用和保管好自己的仪器,损坏和丢失应及时补领。

(7)使用试剂应看清标签,共用仪器及试剂用完应及时归位,严禁回倒试剂。

3. 实验后

(1)实验结束后,应让老师检查数据,合格后整理好自己的仪器和试剂,方可离开。

(2)值日生做好值日,关好水、电、气、门、窗等,经老师检查,方可离开实验室。

(3)及时书写实验报告。

第二节　化学实验室安全常识

一、化学实验室安全规则

化学实验室中会经常接触各种化学药品、电学仪器及玻璃仪器，因此，化学实验室常常潜藏着诸如发生爆炸、着火、中毒、灼伤、割伤、触电等事故的危险性。一旦发生事故，将会损害国家财产和危及人身安全。实验者必须熟悉和严格遵守实验室安全规则。

(1)实验室内严禁吸烟、饮食、嬉闹。

(2)水、电、气、酒精灯使用完毕立即关闭或熄灭。

(3)洗液、浓酸、浓碱具有强腐蚀性，避免溅落在皮肤、衣服、书本和实验台上。

(4)能产生有刺激性或有毒气体(如 Cl_2，Br_2，HF，H_2S，SO_2，NO_2，CO 等)的实验，应在通风橱内进行。

(5)具有易挥发和易燃物质的实验，应在远离火源的地方进行，最好在通风橱内进行。

(6)不允许用手直接取用固体药品。嗅闻气体时，应用手轻拂气体，把少量气体扇向自己再闻。

(7) 有毒试剂(如氰化物、汞盐、铅盐、钡盐、重铬酸钾等)不得进入口内或接触伤口，也不能随便倒入下水道，应回收统一处理。

(8)禁止任意混合各种试剂药品，以免发生意外事故。

(9)加热试管时，不要将试管口对着自己或别人，也不要俯视正在加热的液体，以免溅出受到伤害。

(10)实验开始前应检查仪器是否完整无损，装置是否正确、稳妥。

(11)实验进行时，不得离开岗位，要经常观察反应进行的情况和注意装置有无漏气、破裂等现象。

(12)不要用湿手接触电源。

(13)实验完毕，关闭水、电、煤气等阀门，老师检查合格后才能离去。

二、化学实验室意外事故的处理

实验过程中若有意外事故发生，应沉着、冷静，及时采取救护措施。实验室意外事故的处理方法见表 1-1。

表 1-1 实验室意外事故的处理方法

事故	正确处理方法
割伤	先取出伤口处玻璃碎屑等异物，再用生理盐水擦洗伤处，涂上碘伏，撒些消炎粉并包扎。伤势较重时，先用酒精在伤口周围清洗消毒，并立即送往医院
烫伤	切勿用水冲洗，若起泡不宜挑破。可在伤处涂擦饱和碳酸氢钠溶液或用碳酸氢钠调成糊状敷于伤处。如皮肤已破，可涂些碘伏或1%高锰酸钾溶液
酸蚀	若强酸溅到皮肤上或眼睛内，应立即用大量清水冲洗，而后用饱和碳酸氢钠水溶液（或稀氨水、肥皂水）冲洗，最后用水冲洗
碱蚀	先用大量水冲洗，再用2%醋酸溶液或饱和硼酸溶液洗，最后用水冲洗。如果碱液溅入眼中，用硼酸溶液洗
吸入刺激性或有毒气体	吸入溴蒸气、氯化氢气体时，可吸入少量酒精和乙醚的混合蒸气使之解毒。吸入硫化氢或一氧化碳气体而感到不适时，应立即到室外呼吸新鲜空气。但应注意氯气、溴中毒不可进行人工呼吸，一氧化碳中毒不可服用兴奋剂
误食毒物	将5～10 mL稀硫酸铜溶液加入一杯温水中，内服后，用手指伸入咽喉部促使呕吐，吐出毒物，然后立即送医院
触电	立即切断电源，必要时进行人工呼吸
火灾	立即切断火源（如采取截断电源，移走易燃药品）。一般的小火可用湿布、石棉布或沙子覆盖燃烧物。火势大时可使用泡沫灭火器。但电器设备所引起的火灾，只能使用二氧化碳或四氯化碳灭火器灭火，不能使用泡沫灭火器，以免触电。实验人员衣服着火时，应立即脱下衣服或用石棉布覆盖着火处，或就地卧倒打滚，使火焰熄灭

第三节　化学实验常用玻璃仪器与器材

化学实验常用的仪器(表 1-2、表 1-3)主要以玻璃为主,按其用途可分为容器类仪器、量器类仪器和其他类仪器。

容器类:反应容器,贮存容器。主要包括试管、烧杯、烧瓶、锥形瓶、滴瓶、细口瓶、广口瓶、称量瓶、分液漏斗和洗气瓶。根据能否受热可分为可加热容器和不可加热容器。

量器类:用于度量溶液体积,不能作为实验容器。不能受热,不可以长期存放溶液。主要包括量筒、移液管、吸量管、容量瓶和滴定管等。

其他仪器:其他仪器包括玻璃仪器。

表 1-2　化学实验常用玻璃仪器

仪器	规格	主要用途	注意事项
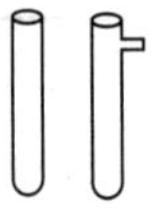 普通试管(a)  离心试管(b)	以管口直径(mm)×长度(mm)表示,如 10 mm×100 mm,15 mm×150 mm 等。有刻度试管按容积表示,如 5 mL,10 mL,15 mL 等	①用于少量试剂反应容器或少量气体的收集 ②有支试管可用于装配气体发生器、洗气装置和检验气体产物 ③离心试管用于沉淀分离	①反应液体不超过试管容积的 1/2,加热时不超过 1/3 ②加热前试管外面要擦干,加热时应用试管夹夹持,管口不要对人,并将试管倾斜与桌面呈 45°,同时不断振荡 ③离心管只能够用于水浴加热 ④加热时不宜骤冷,否则容易破裂 ⑤一般大试管直接加热,小试管用水浴加热
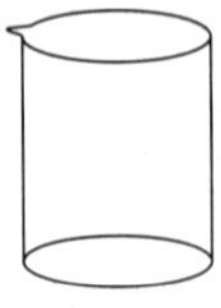 烧杯	以容积表示,50 mL、100 mL、250 mL、500 mL等	①反应容器,尤其在反应物较多时用 ②用于溶解固体,配制溶液,加热或浓缩溶液等	①加热时放在石棉网上,使受热均匀 ②反应液体不能超过烧杯用量的 2/3,以免液体外溢
 锥形瓶(三角烧瓶)	以容积表示,如 50 mL,100 mL,250 mL等	①反应容器,加热时可避免液体大量蒸发 ②用于滴定操作	①滴定时,所盛溶液不能超过容积的 1/3 ②其他同烧杯

续表 1-2

仪器	规格	主要用途	注意事项
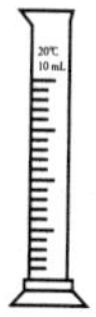 量　筒	以容积表示，如 10 mL，50 mL，100 mL，500 mL，1 000 mL 等	量取液体	①不能加热，不能用作反应容器，不能用作配制溶液或稀释酸碱的容器 ②不可量热的溶液
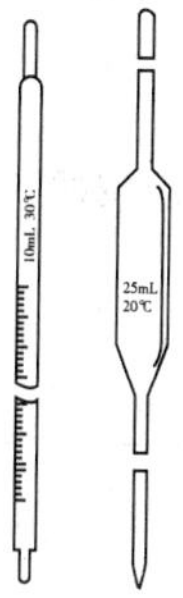 吸量管及移液管	以容积表示，如 1 mL，5 mL，25 mL，50 mL 等	精确移取一定体积的液体用	①不能加热 ②用后立即清洗
 容量瓶	按颜色分棕色和无色两种。 以容积表示，如 50 mL，100 mL，250 mL，500 mL 等	用于配制标准溶液或溶液的定量稀释	①不能加热 ②瓶的磨口瓶塞配套使用，不能互换
 吸滤瓶、布式漏斗	①布式漏斗：瓷制或玻璃制，以直径表示 ②吸滤瓶：为玻璃制品，以容积表示，如 250 mL，500 mL 等	两者配套，用于减压过滤	不能用火直接加热
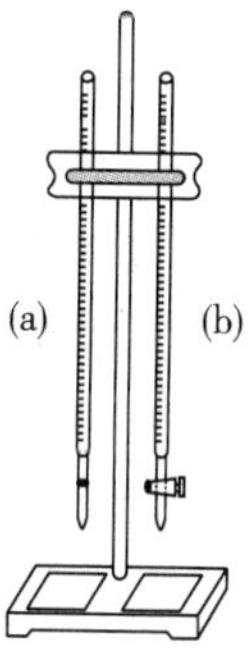 碱式滴定管（a） 酸式滴定管（b）	滴定管分酸式、碱式两种。管身颜色为无色或棕色。以容积表示，如 10 mL，25 mL，50 mL，等 滴定管架：金属制 滴定管夹：塑料或金属	①用于滴定或量取准确体积的液体 ②滴定管夹夹持滴定管，固定在滴定管架上	①酸式滴定管盛放酸性及氧化性溶液，碱式滴定管盛放碱性溶液，两者不能对调 ②见光易分解的滴定液应用棕色滴定管 ③其他同吸量管

续表 1-2

仪器	规格	主要用途	注意事项
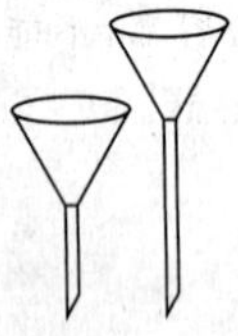 漏斗	有短颈、长颈。以口径大小表示，如 40 mm,60 mm	用于过滤、引导溶液入小口容器中	不能用火直接加热
 称量瓶	分高型、低型两种。按瓶高(mm)×瓶径(mm)表示，如40 mm×20 mm，60 mm×30 mm，25 mm×40 mm等	用于准确称量一定量的固体	①不能直接用火加热 ②盖与瓶配套，不得互换 ③用前应洗净烘干。不用时应洗净，在磨口处垫一小纸条
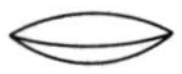 表面皿	以直径表示有 45 mm,65 mm，75 mm,90 mm 等	①盖在蒸发皿、烧杯等上，以免溶液溅出或灰尘落入 ②作为称量试剂的容器	不能用火直接加热
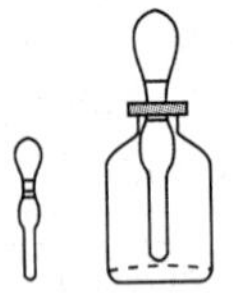 滴管 滴瓶	滴管由尖嘴玻璃管和橡胶乳头构成。滴瓶以容积(mL)表示，分无色、棕色两种	滴管吸取少量液体、试剂；滴瓶盛放少量液体、试剂	①溶液不得吸进橡皮头 ②不得倒置 ③取用试剂时，滴管要保持垂直，不接触接受容器内壁，不能插入其他试剂中
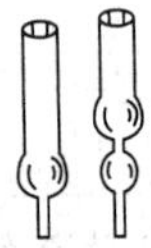 干燥管	有单球和双球之分，以大小表示，有直形、弯形、U形几种	盛装干燥剂，用于干燥气体	①干燥剂置球形部分，不宜过多 ②小管与球形交界处放少许棉花填充 ③大口进气，小口出气
 干燥器	按内径大小表示有 100 mm,150 mm，180 mm,200 mm	①存放试样，以免试样吸潮 ②定量分析时，将灼烧过的坩埚放在其中冷却	①放入干燥器的物品温度不能过高，并在冷却过程中要每隔一定时间开一开盖子，以调节器内压力 ②干燥器内的干燥剂要按时更换 ③小心盖子滑动而打破
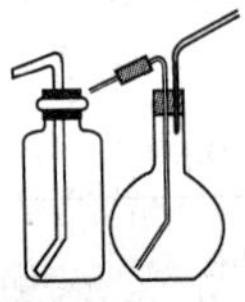 洗瓶	规格：按材料分塑料和玻璃两种。以容积表示，如 250 mL，500 mL	洗涤沉淀和容器用	

续表 1-2

仪器	规格	主要用途	注意事项
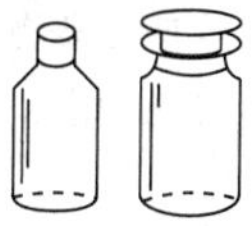 细口瓶　广口瓶	可分为广口、细口、无色、棕色等。以容量表示，如 60 mL，125 mL，250 mL 等	①广口瓶盛放固体试剂，细口瓶液体试剂和溶液 ②棕色瓶盛放见光易分解或不太稳定的试剂	①不能直接加热 ②盛放碱液时用橡皮塞，防止瓶塞被腐蚀粘牢 ③有色瓶盛放见光易分解或不太稳定的物质的溶液或液体
 圆底烧瓶  平底烧瓶  蒸馏烧瓶  三口烧瓶	有圆形、梨形细口、磨口；平底、圆底；长颈、短颈；二口、三口等。以容积(mL)表示	①常温或加热条件下作反应容器 ②三口烧瓶用于需要搅拌的实验，中间插搅拌器，两边插温度计、加料管或滴液漏斗、冷凝管等 ③蒸馏烧瓶：用于液体蒸馏，也可用作少量气体的发生装置	①盛放液体量不能超过烧瓶容量的2/3，也不能太少 ②不能直接加热 ③平底烧瓶不耐压，不能用于减压蒸馏
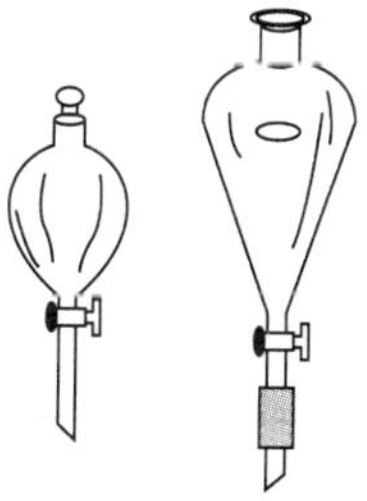 分液漏斗 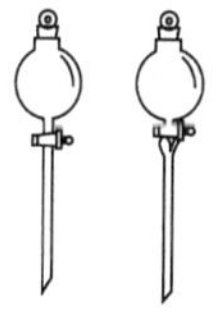 滴液漏斗	以容积(mL)、漏斗颈部的长短表示，有球形、梨形、筒形、锥形等几种	①用于液体的分离、洗涤和萃取 ②滴液漏斗用于反应中滴加液体	①不能加热 ②漏斗间活塞应用细绳系于漏斗颈上，防止滑出跌碎，旋塞不能互换
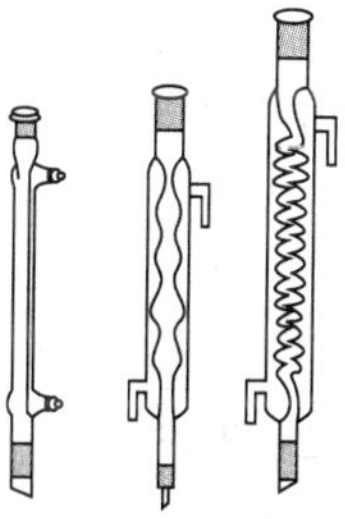 直形、球形、蛇形冷凝管	以外套管长(cm)表示，分直形、球形、蛇形冷凝管等几种	①冷凝管用于蒸馏、回流装置中 ②普通蒸馏常用直形冷凝管 ③回流常用于球形冷凝管 ④沸点高于 140℃用空气冷凝管，低于 140℃的物质用蛇形冷凝管	①装配仪器时，先装冷却水橡皮管，再装仪器 ②冷凝管的下支管进水，上支管出水

续表 1-2

仪器	规格	主要用途	注意事项
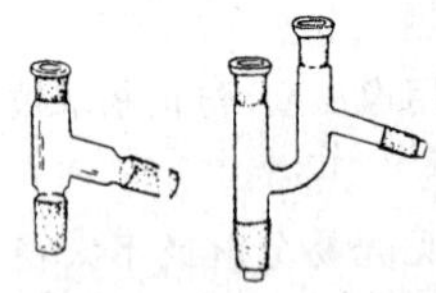 (a) (b) 蒸馏头(a) 克式蒸馏头(b)	磨口仪器	①蒸馏头(a)用于简单蒸馏 ②克氏蒸馏头,用于减压蒸馏料	①磨口处需洁净,不得有污染物 ②注意不要让磨口结死,用后立即洗净
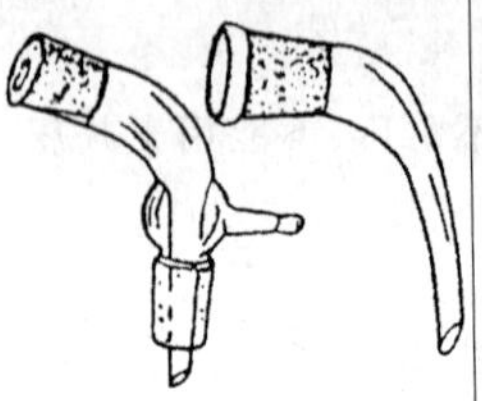 (a)  (b) 接液管	有磨口、普通两种;分单尾(a)、双尾(b)等	①承接液体用,上口接冷凝管,下口接接收瓶 ②单尾接液管可用于简单蒸馏 ③双尾接液管用于减压蒸馏	同蒸馏头

表 1-3 化学实验常用器皿和用具

仪器	规格	主要用途	注意事项
 蒸发皿	以直径(cm)或容量(mL)表示	①用于蒸发、浓缩溶液 ②灼烧固体	①耐高温 ②不宜骤冷
 坩埚	分瓷、石英、铁、镍、铂等。以容积表示,如 25 mL,50 mL 等	用于灼烧固体	①耐高温,可直接用火烧,但不宜骤冷 ②根据不同物质的性质选用不同质材的坩埚
 研钵	有瓷、铁、玻璃、玛瑙等材质制品。以口径表示,如 60 mm,75 mm,90 mm 等	研磨和混合固体物质	①放入量不能超过容积的 1/3 ②易爆物质不能研磨 ③不能用火直接加热 ④不能做反应容器

续表 1-3

仪器	规格	主要用途	注意事项
 药勺	有牛角、塑料、不锈钢等材质制品	取固体试剂	①少量固体用小的一端 ②不能用以取用灼热的药品
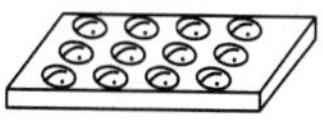 点滴板	上釉瓷板，分白、黑两色。按凹穴数目分四穴、六穴、十二穴等	用于点滴反应	①不能加热 ②不能用于含氢氟酸溶液和浓碱液的反应
 三脚架	铁制品	放置较大或较重的加热容器，作仪器的支承物	
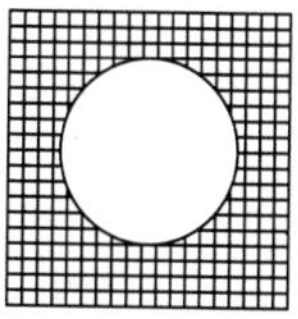 石棉网	以铁网边长表示，如 10 cm，15 cm 等	承放受热容器，使受热均匀	①不能卷折 ②不要把石棉网浸水，以免铁丝锈坏 ③因石棉致癌，国外已用高温陶瓷代替
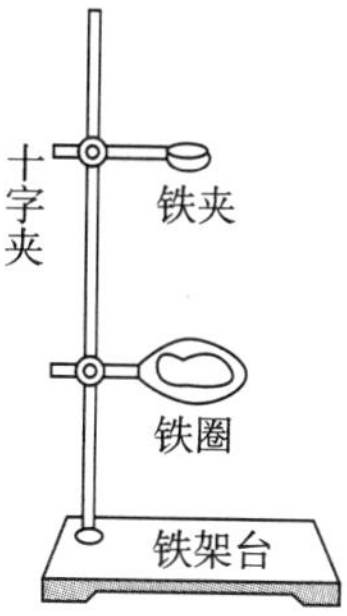	铁圈以直径表示，如 6 cm，9 cm，12 cm 等；铁夹有双钳、三钳、四钳、十字夹等	①固定反应容器用 ②铁圈可代替漏斗架使用	①夹持仪器时，不宜过紧或过松 ②固定仪器在铁架台上时，仪器和铁架台的中心应落在铁架台底盘的中心处
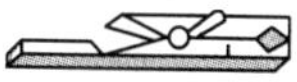 试管夹	木质、钢丝或塑料制	夹持试管	①夹在试管上部 ②要从试管底部套上或取下试管夹 ③不要把拇指按在夹的活动部分
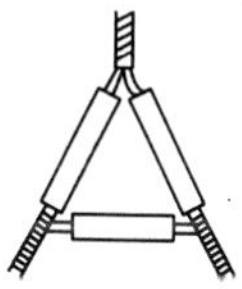 泥三角	用铁丝弯成，套以瓷管	用于承放直接加热坩埚或蒸发皿	①灼热的泥三角不要滴上冷水，以免瓷管破裂 ②选择泥三角时，要使搁在其上的坩埚所露出的上部，不超过本身高度的 1/3
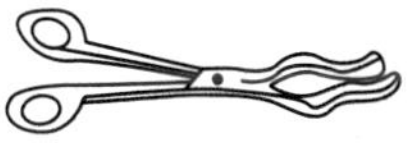 坩埚钳	铁或铜合金制作，表面常镀铬	夹持坩埚或坩埚盖用	①不要和化学药品接触，以免腐蚀 ②钳来夹取灼热的坩埚时，必须将钳尖先预热 ③用后钳尖应向上放在桌面或石棉网上

续表 1-3

仪器	规格	主要用途	注意事项
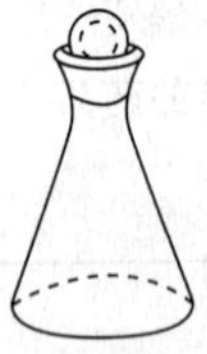 碘量瓶	玻璃质。瓶塞、瓶颈部为磨砂玻璃。规格以容量(mL)表示	主要用于防止液体挥发和固体升华的实验	瓶塞与瓶配套使用
 玻璃砂芯坩埚	以坩埚孔径的大小可分为： G1(20～30 μm) G2(10～15 μm) G3(4.9～9 μm) G4(3～4 μm) G5(1.5～2.5 μm) G6(1.5 μm 以下)	用于过滤定量分析中只需低温干燥的沉淀	①应选择合适孔径的坩埚 ②干燥或烘烤沉淀时，最高不得超过500℃适用于150℃以下烘干的沉淀 ③不宜用于过滤胶状沉淀或碱性较强的溶液

模块二　化学实验基本技能

第一节　常用玻璃仪器的洗涤和干燥

一、玻璃仪器的洗涤

化学实验中所用的玻璃仪器是否洁净，直接影响到实验结果的准确性，因此，必须使用洁净的仪器进行实验。实验者应养成及时清洗、干燥玻璃仪器的良好实验习惯。

玻璃仪器的洗涤方法应根据实验的要求、污物的性质、沾污的程度来选用。常用的洗涤方法如下：

（1）用水洗涤　用水和毛刷刷洗，以除去可溶性物质、尘土和其他不溶性物质。

（2）用去污粉、肥皂或洗涤剂洗涤　用毛刷蘸少量去污粉、肥皂或洗涤剂，刷洗用少量水润湿的仪器，可除去油污和有机物质。倘若仍洗不干净，可用热的碱液洗。

（3）用铬酸洗液洗涤　一些口小管细不便用毛刷刷洗和用其他洗涤剂无法洗净的仪器，可用铬酸洗液润湿或浸泡。使用后的洗液倒入原瓶，可反复使用（当洗液用至出现绿色时，就失去去污能力，不能继续使用）。

铬酸洗液的配制：25 g 粗重铬酸钾溶于 50 mL 热水中，冷却后，慢慢地加入浓硫酸到总体积为 500 mL。

用各种方法洗涤后的仪器，必须先用自来水冲洗数遍，使玻璃仪器的内壁留下一层均匀的水膜，且不挂水珠，则表示仪器已洗干净。然后用蒸馏水或去离子水淋洗 2～3 次。

在使用蒸馏水或去离子水淋洗仪器时，应遵循少量多次的原则。

二、玻璃仪器的干燥

（1）自然干燥　不是急用的仪器，洗净后可以放置于干燥处，任其自然晾干。

（2）烤干　急等使用干燥仪器，如烧杯、蒸发皿等，可以置于石棉网上用小火烤干。试管可以直接用火烤干，但必须将试管口向下倾斜在热源上来回移动烘烤，待水珠消失后再将管口向上加热，把水逐净。

（3）烘干　先将仪器的水沥干，然后置于电烘箱内烘干。控制温度为 100～105℃。

（4）有机溶剂干燥　带有刻度的计量仪器不能用加热方法进行干燥，否则会影响其精密度。可以加入少量酒精或酒精与丙酮按体积比 1∶1 的混合物，转动仪器使容器内壁上的水与其混合，倾出混合液（回收），再放置晾干。

第二节 塞子钻孔

容器上常用的塞子有软木塞、橡胶塞和玻璃磨口塞。软木塞易被酸和碱损坏，但与有机物的作用较小；橡胶塞可以把容器塞得很严密，但对装有机溶剂和强酸的容器并不适用，相反，盛碱性物质的容器常用橡皮塞；配有玻璃磨口塞的容器不仅塞得紧密，且除碱性物质外，适用于装一切液体或固体物质。

为了能在塞子上插入玻璃管或温度计等，塞子须预先钻孔，常用的钻孔工具是钻孔器。钻孔器是一组直径不同的金属管，一端有柄，另一端很锋利(图 2-1)。钻孔时选择一个比需要插入塞子的玻璃管(或温度计)略粗的钻孔器。将塞子的小头向上，放置在一块木板上，左手拿住塞子，右手按住钻孔器的手柄，一边向同一方向旋转钻孔器，一边使钻孔器向塞子里压，缓缓地把钻孔器钻入预先选定的位置(图 2-2)。开始可由塞子较小的一端起钻，到一半深时，反方向旋转并拔出钻孔器。调换橡皮塞另一端对准原孔的方位按同样的操作钻孔，直到两头穿透为止。钻孔时钻孔器与塞子表面必须保持垂直，否则会把孔打斜。

在橡皮塞上打孔时，可于钻孔器尖端和橡皮塞上涂抹一些润滑剂。常用的润滑剂有碱溶液、凡士林、甘油和水。在软木塞上钻孔时，钻孔器的口径要比玻璃管略细些，先用压塞机把软木塞压紧实一些，钻孔方法同胶塞。

若用手摇钻孔器钻孔，则更为方便。

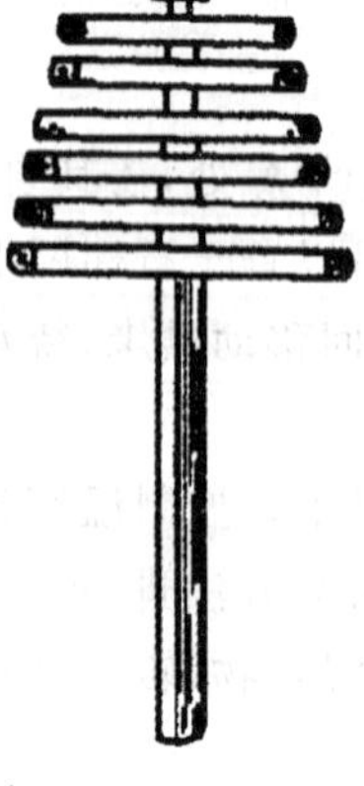

图 2-1　钻孔器

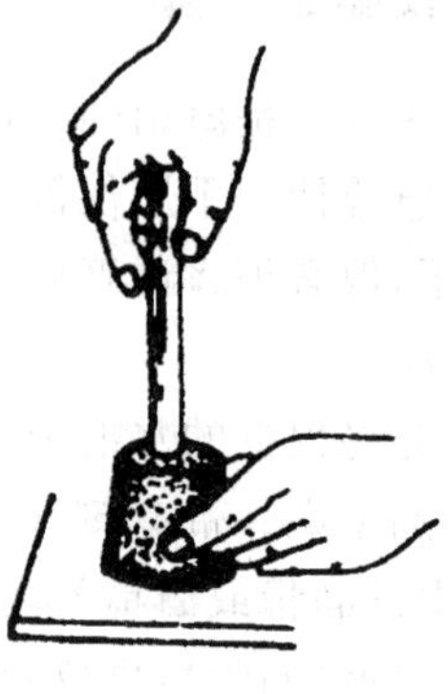

图 2-2　钻孔方法

第三节　分析天平的结构和称量方法

分析天平是定量分析中最重要的仪器之一。常用的分析天平有半自动电光天平(图 2-3)、全自动电光天平(图 2-4)、电子天平等。

一、电光分析天平

1. 电光分析天平的构造

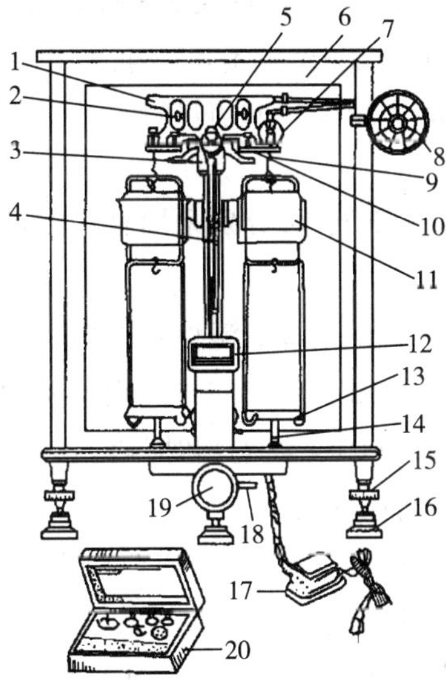

图 2-3　半自动电光天平的正面图

1. 天平梁　2. 平衡螺丝　3. 天平柱　4. 指针　5. 玛瑙刀口　6. 天平箱　7. 圈码　8. 圈码指数盘　9. 吊耳　10. 托叶　11. 空气阻尼器　12. 光屏　13. 天平盘　14. 盘托　15. 螺丝脚　16. 垫脚　17. 变压器　18. 调屏拉杆　19. 升降旋钮　20. 砝码盒

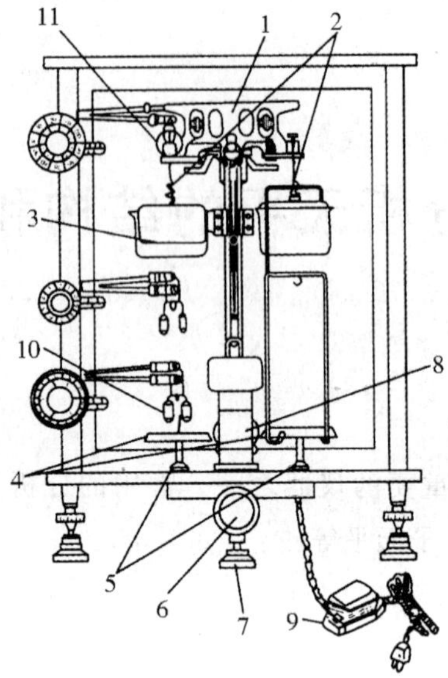

图 2-4 全自动电光天平的正面图

1. 横梁 2. 挂钩 3. 阻尼器 4. 称盘 5. 托盘 6. 开关旋钮 7. 避震垫脚
8. 光学投影装置 9. 变压器 10. 环形克砝码 11. 圆形毫克砝码

2. 称量方法

根据试样的性质和分析要求的不同，可分别采用直接称量法、指定质量法和差减称量法进行称量。

(1)直接称量法 对某些在空气中没有吸湿性且性质稳定的试样，如金属、合金等，可以用直接称量法称样。在称物体前，先调节天平的零点。把待称物体放在天平左盘的表面皿或硫酸纸上，以从大到小的顺序加减砝码(1 g 以上)和圈码(10～990 mg)，使天平平衡。则砝码、圈码和投影屏所表示的质量即为物体的质量。

(2)固定质量称量法 在分析化学实验中，当需要用直接法配制指定浓度的标准溶液时，常常用指定质量称量法来称取基准物质。

将干燥洁净的烧杯或硫酸纸放在天平的左盘上准确称出其质量，再于右盘增加等于所称试样质量的砝码，然后用小牛角勺逐渐加入试样，半开天平进行试重。直到所加试样量与指定质量相差小于 10 mg 微分标尺的标度时，便可完全开启天平，极其小心地以左手持盛有试样的牛角勺，以食指轻弹牛角勺柄，让试样慢慢地加入烧杯或硫酸纸(图 2-5)，直到微分标尺上的标线正好移到所需要的刻度时，立即停止抖入试样。

若不慎多加了试样，应将天平关闭，用牛角勺取出多加的试样，再重复以上操作直到符合要求为止。此法只能用来称取不吸水、性质稳定的粉末状物质，不适用块状物质的称量。

(3)差减称量法 称取试样的质量由两次称量之差求得，一般称样都用此法。

先将试样装入称量瓶中的，用洁净的纸条叠成 1 cm 的纸带套在称量瓶上，左手拿住纸带的尾部(图 2-6)，将称量瓶放在天平左盘的中央，称出称量瓶加试样的质量(准确至 0.1 mg)，记下砝码的数值。然后再用纸带将称量瓶取出，右手用纸片夹着瓶盖柄，打开瓶盖，在容器的上方慢慢倾斜称量瓶,用瓶盖轻敲瓶口上部,使试样逐渐落入容器中(图 2-7)。待试样接近需要量时,继续用瓶盖轻敲瓶口,同时逐渐将瓶身竖起,使粘在瓶口的试样落在容器内或回到称量瓶中。再把称量瓶放回天平盘准确称出其质量。两次称量质量之差即为容器中试样的质量。按上述方法称量可连续称取多份试样。

图 2-5 指定质量称量

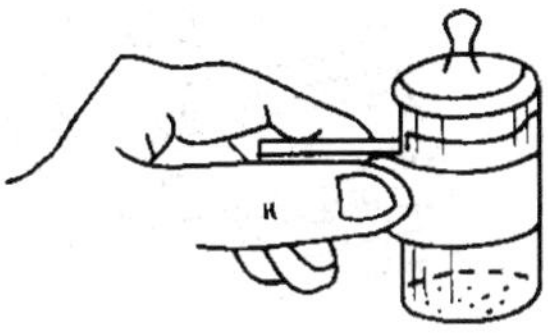
图 2-6 称量瓶拿法

图 2-7 由称量瓶倾倒样品

3.分析天平的使用规则

(1) 根据称量要求的精度和被称物体的质量,选择适当分度值和载荷的天平进行称量,所称物体的质量不得超过天平的最大载荷。

(2)称量前必须用软毛刷清扫天平,然后检查天平是否水平,并调节天平的零点。

(3)天平的前门不得随意打开,它主要供装卸、调节和维修用。取放物体和加减砝码只能打开天平的左、右门。试样不得直接放在天平盘上,必须盛放在洁净的容器中称量,对腐蚀性或吸湿性的物质,必须放在称量瓶或其他密闭容器中称量。

(4)取放砝码必须用镊子夹取,严禁用手拿,以免沾污。砝码应从大到小逐一放在天平盘的中央,用毕后放回砝码盒内。圈码也应一档一档慢慢地加,防止跳落或互撞。

(5)取放物体或砝码一定要先关天平,以免发生振动使刀口损坏。开、关天平时也应缓慢地进行。

(6)称量物体的温度必须与天平箱内的温度一致,不得把热的或冷的物体放入天平内称量。为防潮,大平箱内应放有十燥剂。

(7)称量的数据应及时记在记录本上,不得记在纸片或其他地方。

(8)称量结束后,关闭天平,取出物体和砝码,将指数盘还原,关好天平门,罩上天平罩,切断电源。

二、电子天平

电子天平的如图 2-8 所示。

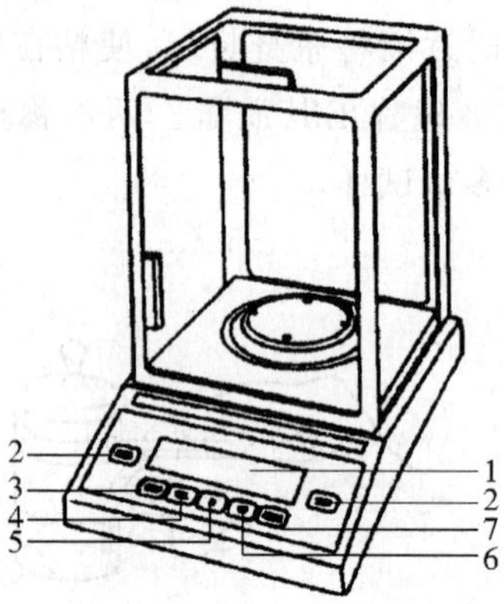

图 2-8 电子天平正面图

1.显示器 2.除皮键［TARE］ 3.接通/关断键［ON/OFF］
4.调校键［CAL］ 5.功能键［F］ 6.CF 键［CF］ 7.打印键(数据输出)

电子天平是目前更为先进和常用的分析天平,其使用方法如下:

(1)调水平　调整地脚螺栓高度,使水平仪内空气气泡位于圆环中央。

(2)开机　接通电源,按开关键[ON/OFF]直至全屏自检后显示 0.000 0 g。

(3)预热　天平在初次接通电源或长时间断电之后,至少需要预热 30 min。为取得理想的测量结果,天平应保持在待机状态。

(4)校正　首次使用天平必须进行校正,按校正键[CAL],天平将显示所需校正砝码质量,放上砝码直至出现 g,校正结束。

(5)称量　使用除皮键[TARE]除皮清零。放置样品进行称量。(只有当仪器经过清零之后,才能执行准确的质量测量,请您按下两个除皮键中的一个,以便使质量显示为 0。这种清零操作可在天平的全量程范围内进行。)

(6)关机　天平应一直保持通电状态(24 h),不使用时将开关键关至待机状态,使天平保持保温状态,可延长天平使用寿命。

第四节　化学试剂及其取用

化学试剂是符合一定质量标准的纯度较高的化学物质，它是分析工作者的物质基础。因此对化学试剂的类别、性质、用途和使用方法必须充分了解。

一、化学试剂的分类

1. 化学试剂的分类

化学试剂种类繁多，分类标准也不一致。目前，我国对化学试剂的生产执行三类标准：国家标准(GB)；化工部标准(HG)；企业标准(QB)。虽然目前还没有统一的分类方法，根据国家标准(GB)，将化学试剂其分为四级(表 2-1)。

表 2-1　化学试剂等级分类表

试剂级别	名称	符号	标签颜色	适用范围
一级品	优质纯	GR	绿色	精密分析及科学研究
二级品	分析纯	AR	红色	一般分析及科学研究
三级品试剂	化学纯	CP	蓝色	一般定性及化学制备
四级品试剂	试剂纯	LP	黄色	一般化学制备

2. 化学试剂的选用

化学试剂的主体成分含量越高，杂质含量越低，即级别越高，则由于其生产过程复杂、价格也高。在实验时，应根据工作的性质、分析方法的灵敏性、待测组分的含量及对分析结果准确度的要求等，选择合适的化学试剂，既不超级造成浪费，也不降低级别影响结果。同时，使用试剂时，应注意其级别应与相应的纯水以及容器配合。

二、化学试剂的取用

1. 液体试剂的取用

(1)自滴瓶中取液体试剂时，必须保持滴管垂直，避免倾斜，切忌倒立，防止试剂流入橡皮头内将试剂污染。滴管的尖端不可接触试管内壁，也不得将滴管放在原滴瓶以外的地方，更不能错放到装有另一种试剂的滴瓶中。

(2)用量筒量取液体试剂时，应左手持量筒，以大拇指指示所需体积的刻度处，右手持试剂瓶，贴有标签的一面握向手心，瓶口紧靠量筒边缘，慢慢地注入液体至刻度。若倾出的试剂过量，应弃去或转给他人使用，不得倒回原瓶。

(3)用倾注法取液体试剂时，先将瓶塞取出倒放在桌上，右手持试剂瓶，标签握向手心，瓶口紧靠容器壁，慢慢倾出所需试剂，使液体沿器壁往下流。如所用容器为烧杯，则倾注液体时可用玻璃棒引流，用毕后立即盖上瓶塞。

2. 固体试剂的取用

(1)固体试剂应用洁净的药匙取用，药匙的两端为大小两个匙，取较多固体时用大匙，取少量固体时用小匙。取出试剂后立即盖上瓶盖，不得错盖瓶盖。多取的试剂不得倒回原瓶，可放在指定的容器中供他人使用。

(2)取用一定量固体时，可将固体试剂放在表面皿或洁净的纸上称量。具有腐蚀性、氧化性或易吸潮的固体试剂应放在密闭的玻璃容器(如称量瓶)中称量。

第五节　加热操作

一、热源

实验室常用的热源有酒精灯(图 2-9)、酒精喷灯、煤气灯和电炉等。

1.酒精灯和酒精喷灯

酒精灯的温度通常可达 400～500℃,用于温度不需太高的实验。点燃酒精灯时应用火柴,决不可用已点燃的酒精灯去点燃其他酒精灯。熄灭酒精灯时,只要盖上灯罩,火焰即灭。添加酒精时,必须将灯熄灭,用小漏斗添加且不能加得太满。酒精灯不用时,必须盖上灯罩,以免酒精挥发。

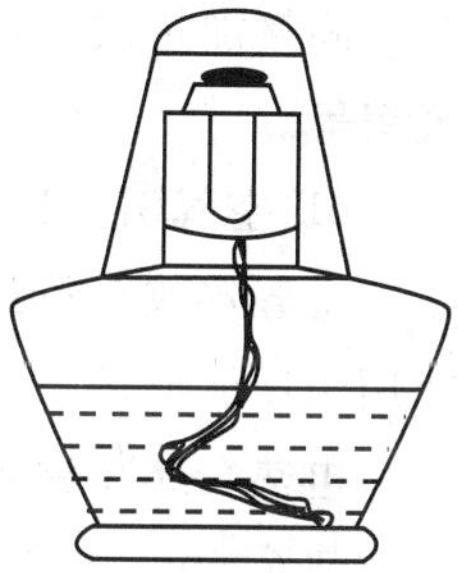

图 2-9　酒精灯

酒精喷灯使用前,先在预热盆内加入一些酒精,用火柴点燃酒精使灯管受热,待酒精接近燃完时,开启开关,使酒精从灯座内进入灯管而受热汽化,并与进入气孔内的空气混合,可得到高温火焰。实验完毕,关闭开关。

二、加热方法

加热方式有直接加热法和间接加热法。

1.直接加热法

对热稳定性较好的物质,可在试管、烧杯或坩埚、蒸发皿等耐热容器中直接加热。加热前必须将器皿外壁的水擦干,加热后不能立即与水或潮湿物接触,不能骤冷骤热。

(1)用试管加热液体或固体　少量液体可装在试管中加热,用试管夹夹住试管的上部,试管应稍倾斜,管口向上,管口不能对着别人和自己的脸部,以免溶液沸腾时溅到脸上。管内所装液体的量应不超过试管高度的 1/3(图 2-10)。加热时,先加热液体的中上部,再慢慢地往下移动,使液体各部受热均匀。

少量固体药品也可装在试管中加热,加热时管口略向下倾斜(图 2-11),使冷凝在管口的水珠不倒流到试管的灼热处,导致试管破裂。

如用烧杯、烧瓶或锥形瓶加热时,必须放在石棉网上,否则容易因受热不均匀而破裂。

(2)灼烧　当需要高温加热固体时,可把固体放入坩埚中在泥三角上用煤气灯的氧化焰加热(图 2-12)。夹取温度高的坩埚必须用坩埚钳,坩埚钳用后应平放在石棉网上,使钳的顶端向上,以免沾污。

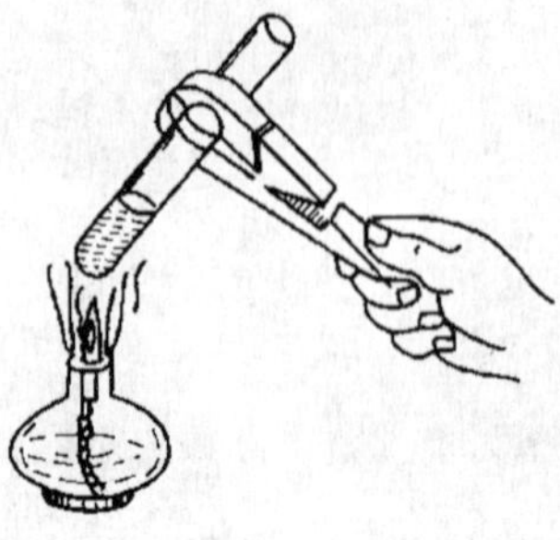

图 2-10 加热试管中的液体

图 2-11 用试管加热固体

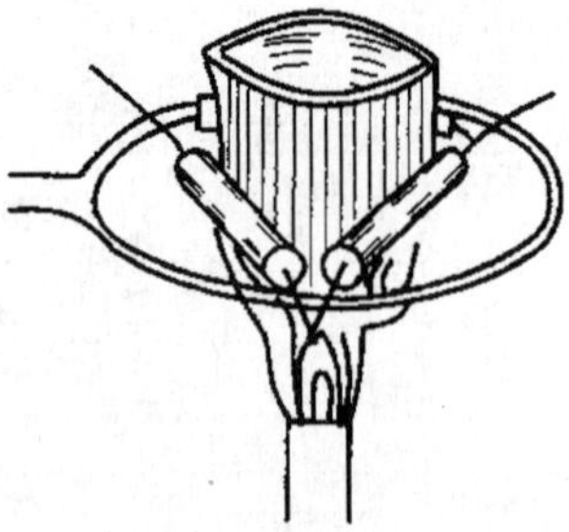

图 2-12 坩埚的灼烧

2. 间接加热法

有些物质的热稳定性差，过热会发生氧化、分解或大量挥发逸散；在实验室安全规则中规定禁止用明火直接加热易燃的溶剂，这类物质不宜直接加热，可采用间接加热法。

间接加热法是通过传热介质以热浴的方式进行加热。常用的热浴有水浴、油浴、沙浴和空气浴等。

(1)空气浴　这是利用热空气间接加热，对于沸点在 80℃以上的液体均可采用。

把容器放在石棉网上约 1 cm 处加热，这就是最简单的空气浴。但是，受热仍不均匀，故不能用于回流低沸点、易燃的液体或者减压蒸馏。

电热套属于比较好的空气浴，因为电热套中的电热丝被玻璃纤维包裹着的，较安全，一般可加热至 400℃，电热套主要用于回流加热。蒸馏或减压蒸馏以不用为宜，因为在蒸馏过程中随着容器内物质逐渐减少，会使容器壁过热。电热套有各种规格，取用时要与容器的大小相适宜。为了便于控制温度，要连接调压变压器。

(2)水浴　当加热的温度不超过 100℃时，可使用水浴加热。使用水浴时，勿使容器触及水浴器壁或其底部。由于水浴中的水不断蒸发，要适当添加热水，使水浴中水面经常保持稍高于容器内的液面。

如果加热温度要稍高于 100℃时，则可选用适当无机盐类的饱和水溶液作为热浴液。

(3)油浴　适用 100～250℃，优点是使反应物质受热均匀，反应物的温度一般低于油浴液 20℃左右。常用的油浴液有：

①甘油　可以加热 140～150℃，温度过高时则会分解。

②植物油　如菜油、蓖麻油和花生油等，可以加热到 220℃，常加入 1%对苯二酚等抗氧化剂，便于久用。若温度过高时会分解，达到燃点可能燃烧起来，所以，使用时要小心。

③石蜡　能加热到 200℃左右，冷却到室温时凝成固体，保存方便。

④石蜡油　可以加热到 200℃左右，温度稍高并不分解。但较易燃烧。

用油浴加热时，要特别小心，防止着火，当油受热冒烟时，应立即停止加热。油浴中应挂一支温度计，可以观察油浴的温度和有无过热现象，便于调节火焰控制温度。油量不能过多。否则，受热后有溢出而引起火灾的危险。使用油浴时要极力防止产生可能引起油浴燃烧的因素。

(4)沙浴　沙浴一般是用铁盆装干燥的细海沙(或河沙),把反应容器半埋沙中加热。加热沸点在80℃以上的液体时可以采用,特别适用于加热温度在250～350℃以上者。但沙浴传热慢,升温很慢且不易控制,因此,沙层要薄一些。沙浴中应插入温度计,温度计水银球要靠近反应器。

第六节　沉淀与过滤技术

一、样品的溶解与结晶

1. 样品的溶解

加入试剂溶解试样时，用玻璃棒使试剂沿着玻璃棒慢慢流入。加入试剂后，用玻璃棒搅拌，使其完全溶解。

对溶解时能产生气体的试样，则应先用少量蒸馏水将其润湿成糊状，用表面皿将杯盖好，然后用滴管将溶剂自杯嘴逐滴加入，以防生成的气体将试样带出。加热时要防止溶剂剧烈沸腾而迸溅，加热后要用蒸馏水冲洗表面皿和烧杯壁。

2. 结晶

(1)蒸发和浓缩　当溶液很稀或所制备的无机物的溶解度又较大时，为得到晶体，就必须加热使水分不断蒸发，溶液不断浓缩。若溶液太稀，可把溶液放在蒸发皿内于石棉网上直接加热蒸发，然后再用水浴加热蒸发。蒸发皿内溶液的量不能超过其容量的 2/3。随着不断加热蒸发，溶液逐渐被浓缩，浓缩的程度决定于溶质溶解度的大小及对晶形的要求。

(2)结晶　当溶液蒸发到一定浓度后，冷却就可从中析出晶体。如果溶液的浓度高，溶质的溶解度小，冷却得又快，析出的晶体就细小；反之，就得到较大颗粒的晶体。搅拌溶液，摩擦器壁有利于细晶的生成；静止溶液则有利于大晶体的生成。

3. 重结晶

当需要纯度较高的晶体时，可以进行重结晶。利用被提纯物质与杂质在同一溶剂中溶解性能的显著差异而将它们分离的操作称为重结晶。

固体物质在溶剂中的溶解度与温度有密切关系。溶解度一般随着温度升高而增大。若把固体溶解在热的溶剂中达到饱和，冷却时，由于溶解度降低，溶液变成过饱和而析出结晶。

利用溶剂对被提纯物质及杂质的溶解度不同，可以使被提纯物质从过饱和溶液中析出，而让杂质全部或大部分仍留在溶液中(若在溶剂中的溶解度极小，则配成饱和溶液后被过滤除去)，若溶液含有色杂质，可加适量活性炭煮沸脱色。从而达到提纯目的。

在进行重结晶时，关键是选择理想的溶剂，根据“相似相溶”原理选择。同时还必须具备下列条件：

(1)不与被提纯物质起化学反应。

(2)在较高温度时能溶解多量的被提纯物质；而低温时，只能溶解很少量的该种物质。

(3)对杂质的溶解度非常大或非常小(前一种情况是使杂质留在母液中不随提纯物晶体一同析出;后一种情况是使杂质在热过滤时被滤去)。

(4)容易挥发(溶剂的沸点较低),易与结晶分离除去。

(5)能给出较好的结晶。

(6)无毒或毒性很小,操作安全。

常用的重结晶溶剂有水、甲醇、苯、乙醚、丙酮、四氯化碳、氯仿等。

当单一溶剂效果不理想时,常可使用混合溶剂而得到满意的结果。混合溶剂,就是把对此物质溶解度很大的和溶解度很小的而又能互溶的两种溶剂(例如水和乙醇)混合起来,这样可获得新的良好的溶解性能。

常用的混合溶剂如下:

乙醇-水　乙醚-甲醇　乙酸-水　吡啶-水

乙醚-丙酮　丙酮-水　乙醚-石油醚　苯-石油醚

4.结晶的干燥

固体的干燥方法很多,可根据所用的溶剂及结晶的性质来选择。常用的方法有如下几种:

(1)空气晾干　将抽干的固体物质转移到表面皿上铺成薄薄的一层,再用一张滤纸覆盖以免灰尘沾污,然后在室温下放置,一般要经几天后才能彻底干燥。

(2)烘干　一些对热稳定的化合物,可以在低于该化合物熔点或接近溶剂沸点的温度下进行干燥。实验室中常用红外线灯或用烘箱、蒸气浴等方式进行干燥。必须注意,由于溶剂的存在,结晶可能在较其熔点低得很多的温度下就开始熔融了,因此必须十分注意控制温度并经常翻动晶体。

(3)用滤纸吸干　有时晶体吸附的溶剂在过滤时很难抽干,这时可将晶体放在2～3层滤纸上,上面再用滤纸挤压以吸出溶剂。此法的缺点是晶体上易沾污一些滤纸纤维。

除上述方法之外,还可置于干燥器中干燥。

二、沉淀的分离

沉淀和溶液的分离通常有倾析法、过滤法和离心分离法三种。

1.倾析法

当溶液中结晶颗粒较大且比重较大,静置沉降到容器底部时,可以用倾析法把上层清液倾析到另一容器中,其操作与转移溶液相同。洗涤时,在沉淀上加入少量溶剂(蒸馏水等),充分搅拌后静置、沉降、再倾出上层清液,如此重复2～3次,即可洗净沉淀。

2.过滤法

过滤法是最常用的分离方法,有常压过滤和减压过滤两种。

(1)常压过滤　一般在常温下进行。操作步骤如下。

①滤纸的折叠与安放　选择与漏斗大小相宜的圆形滤纸,对折两次,把三层外面的两层撕去一角,展开呈60°角的圆锥形,放入漏斗中。用手指按住三层滤纸的一边,以少量蒸馏水润湿,使滤纸紧贴漏斗壁,用玻璃棒或洁净手指轻压滤纸,赶走气泡。漏斗中滤纸的边缘应低于漏斗边缘0.5～1 cm(图2-13)。

②滤器的处理　过滤前，先向漏斗中加水至滤纸边缘，使漏斗内颈全部充满水而形成水柱。

③沉淀的过滤　将准备好的漏斗放在漏斗架上，漏斗颈应紧靠接受容器的内壁（如烧杯壁）。

过滤时，左手持玻棒，竖直地接近滤纸三层的一边，但不得碰到滤纸。右手拿烧杯，将杯嘴贴着玻璃棒并慢慢倾斜，使烧杯中的上层清液沿着玻璃棒转移至漏斗中，倾入的溶液液面至少应低于滤纸边缘 1 cm(图 2-14)。停止倾注时，将烧杯嘴沿玻璃棒向上提，再慢慢竖直，以免烧杯嘴上的液滴流到烧杯外壁。将玻棒放回烧杯。

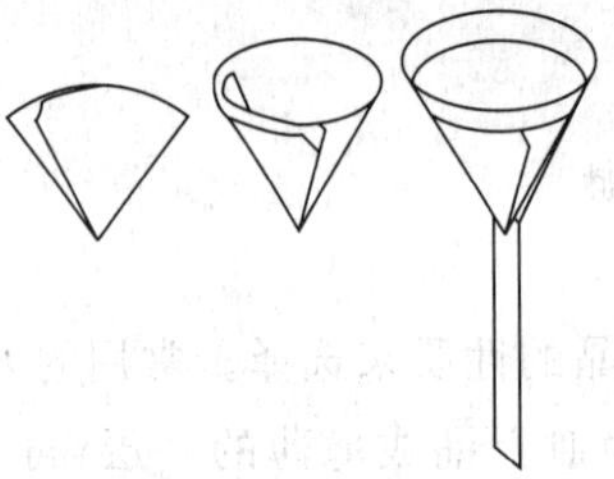

图 2-13　滤纸的折叠与安放

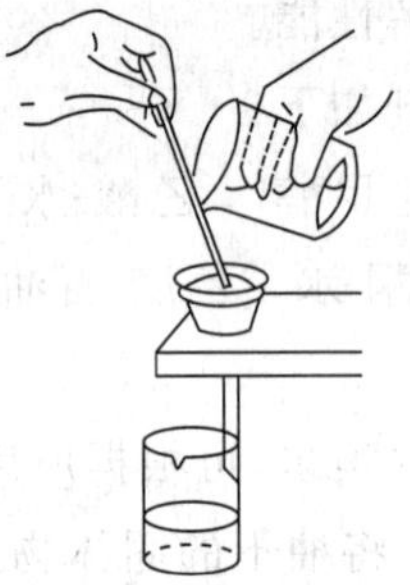

图 2-14　常压过滤

用洗瓶沿烧杯壁旋转吹入 10 mL 左右洗涤液冲洗烧杯四周，搅拌沉淀，充分洗涤后静置，待沉淀沉降完全后，按上法过滤上层清液。如此重复 4～5 次。

最后，向烧杯中加入少量洗涤液并将沉淀搅起，立即将悬浮液次转移到漏斗中。然后用蒸馏水淋洗玻璃棒和盛放沉淀的容器，洗涤液也滤入接受容器内。这样反复几次。最后将滤纸上的沉淀淋洗干净。

如果被过滤的物质中含有能与滤纸作用的物质，则可用石棉纤维或玻璃丝代替滤纸。

(2)减压过滤　为加快过滤速度可以采用减压过滤。减压过滤是利用水泵，借水流喷射形成的负压使吸滤瓶中的压力减小，从而加快过滤速度。

过滤前，将略小于布氏漏斗内径的滤纸放入漏斗中，滤纸必须把瓷孔全部盖没。用水润湿滤纸。微开水龙头，使滤纸紧吸在漏斗内。然后将溶液沿着玻璃棒转移到漏斗中，转移的量不超过漏斗总容量的 2/3。再将抽滤泵（真空泵）打开，待溶液滤下后，摊开沉淀，使沉淀平铺在漏斗中，继续抽吸至沉淀比较干燥为止。抽滤时应注意吸滤瓶中的滤液高度不超过吸气嘴。吸滤过程中也不得突然关闭泵，以免水倒灌。

抽滤完毕，先拔掉橡皮管再关抽滤泵。为防止倒吸，也可以在吸滤瓶与抽气水泵之间装一个安全瓶。

如果需要洗涤沉淀，也应先拔掉橡皮管，关掉抽滤泵，加入洗涤液湿润沉淀。再微开抽滤泵，接上橡皮管，让洗涤液慢慢透过全部沉淀。最后开大抽滤泵，抽吸干燥。如果需要，可以重复以上操作。

3.离心分离法

少量沉淀与溶液分离时可以采用离心分离，实验室常用的离心分离仪器为电动离心机（图

2-15)。

将盛有溶液和沉淀的离心管放在离心机中离心沉降后,用滴管把清液和沉淀分开。操作时先用手指捏住滴管上的橡皮头,排出空气,再将滴管轻轻插入离心管中上层清液,慢慢放松橡皮头,随着离心管中溶液的减少,滴管慢慢下移使全部溶液吸入管内,勿使管尖触及沉淀(图2-16)。

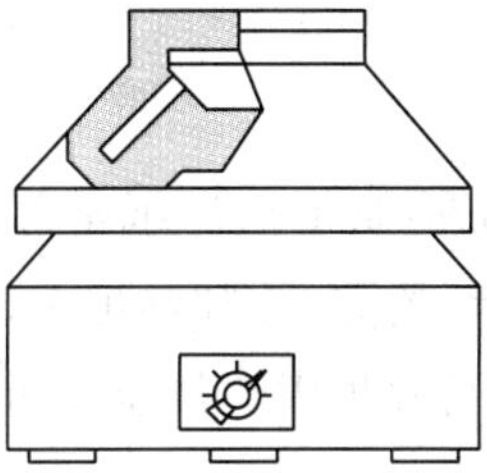

图 2-15 电动离心机

图 2-16 溶液与沉淀分离

把离心管放入离心机中进行离心分离时,必须注意位置对称,质量平衡。如果只有一只离心管中的沉淀需要分离,则可取另一只离心管,盛以相同质量的水,然后把两只离心管放入离心机中的对称套管内,进行离心分离。

三、沉淀的烘干及灼烧

定量分析中用滤纸过滤得到的沉淀,应在瓷坩埚中灼烧至恒重。

1. 瓷坩埚的准备

将洗净的瓷坩埚斜放在泥三角上,斜放好盖子,用小火加热坩埚盖(图 2-17),使热空气流反射到坩埚内部使之烘干。冷却后,用硫酸亚铁铵溶液或硝酸钴溶液在坩埚和盖上编号,再把坩埚灼烧至恒重。注意灼烧温度和时间应和灼烧沉淀时间相同。

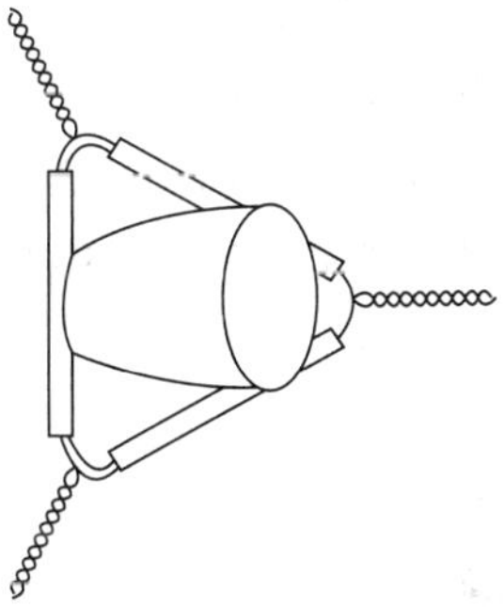

烘干

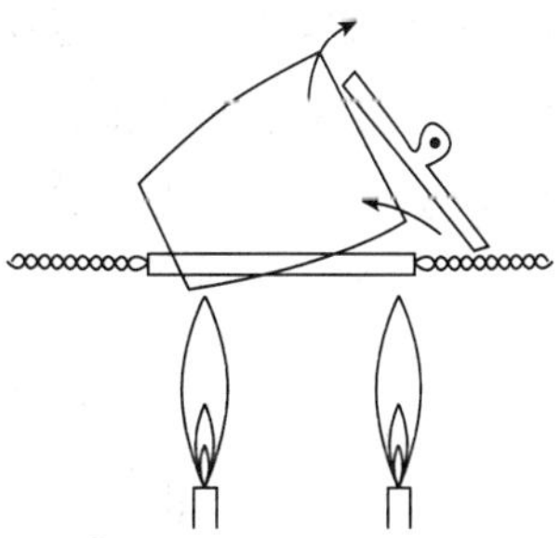

灼烧

图 2-17 沉淀的烘干和灼烧

恒重:空坩埚灼烧 30 min,冷至 200℃以下,用热坩埚钳夹取放入干燥器内冷却 45~50 min,取出称量(称量前 10 min 拿到天平室)。然后再灼烧 15 min,冷却(两次冷却时间应相同),称量至两次称量结果相差不超过 0.2 mg。将恒重后的坩埚放在干燥器中备用。

2.沉淀的包裹

用洁净的玻璃棒将滤纸的三层部分挑起，再用洗净的手把有沉淀的滤纸取出，将其打开成半圆形自右边的1/3处向左折叠，再从上边向下折叠，然后向左卷成小卷，最后将滤纸放入已恒重的坩埚中（包卷层数较多的一面朝上）。如果是胶状沉淀，由于体积较大，则应用玻璃棒将滤纸挑起（三层边先挑），再向中间折叠（单层边先折叠），将沉淀全部盖住，再用玻璃棒将其转移到已恒重的坩埚中。

3.烘干、灼烧及恒重

将放有沉淀的坩埚放在泥三角上，用小火把滤纸和沉淀烘干至滤纸全部炭化。炭化后将灯移至坩埚底部，逐渐升高温度至滤纸全部灰化。灰化后，灼烧、冷却和恒重。

使用马福炉灼烧沉淀时，可用上述方法灰化后，放入马福炉中灼烧至恒重。

4.用玻璃坩埚过滤、烘干与恒重

只要经过烘干就能称量的沉淀，通常使用玻璃坩埚进行过滤、烘干和恒重。使用的玻璃坩埚先用盐酸、稀硝酸或氨水等浸泡，再用橡皮垫圈与吸滤瓶接上抽气泵，用自来水和蒸馏水抽洗数次。洗净的坩埚在烘干沉淀的条件下烘干，取出后放在干燥器中冷却（约半小时），称量至恒重。

用玻璃坩埚过滤沉淀时，先用倾析法将上层清液倾入装在吸滤瓶上的坩埚内过滤，再把沉淀全部转移入坩埚内抽滤。最后将坩埚置于烘箱中，烘干、冷却，称量至恒重。

5.干燥器的使用

干燥器是用于存放干燥物品、防止吸湿的玻璃仪器。干燥器的底部盛有干燥剂，常用的干燥剂为变色硅胶或无水氯化钙。中部有一块带有圆孔的瓷板用以承放容器。盖子和器口是磨口的，且涂有凡士林防止水气进入。开启或关闭干燥器时，应用一只手扶住干燥器，用另一只手握住盖子朝外或朝里平推（图2-18），打开后盖子应翻过来放在桌上。取放物体后应及时把盖子盖好。搬动干燥器时应同时按住盖子，不能只捧住上部，以免盖子滑落。

当放入热的物体时，为防止空气受热膨胀将盖子顶落打碎，或因冷却后，由于干燥器内形成负压而打不开盖子，必须来回平推盖子几次，以放出器内的热空气，防止盖子滑落。

使用干燥器应注意清洁，不得存放潮湿物品。干燥剂失效后，应及时更换。

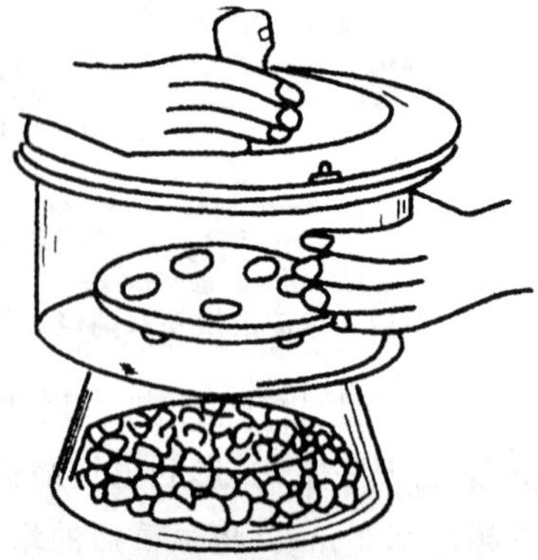

图2-18 干燥器开启方法

第七节　滴定分析仪器和基本操作

一、容量瓶

容量瓶主要是用来配制标准溶液或准确稀释溶液。

1. 容量瓶的使用

(1)检漏　容量瓶在使用前必须先检查一下是否漏水。检漏的方法是加自来水至标线附近，盖好玻璃塞，一只手用左手食指按住瓶塞，其余手指拿住瓶颈标线以上部分，另一只手用指尖托住瓶底边缘(图 2-19)。把容量瓶倒立 2 min，观察瓶塞是否渗水，如果不渗水，将玻璃瓶塞旋转 180°再检验。不渗水的容量瓶才能使用。

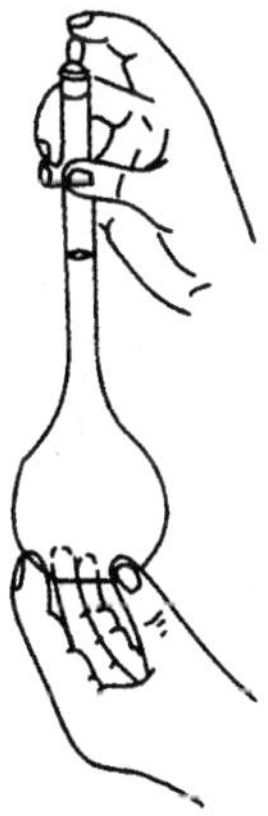

图 2-19　容量瓶的操作

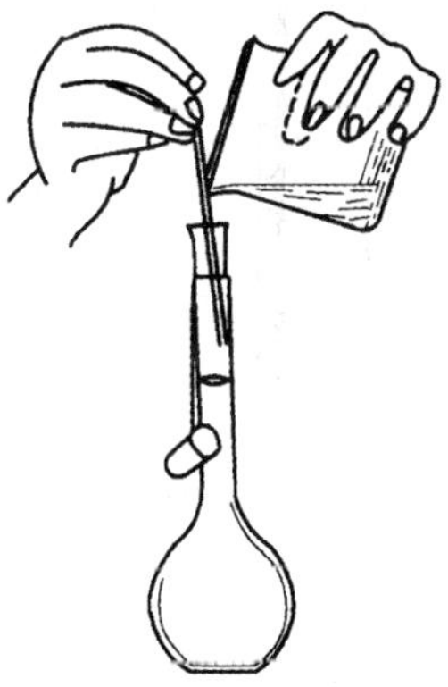

图 2-20　定量转移操作

(2)洗涤　按常规洗涤方法将容量瓶洗净。

(3)配制溶液　如用固体配制一定体积的标准溶液，先将准确称量的固体物质溶解在烧杯中，然后用玻璃棒定量转移到容量瓶中。转移溶液时，左手拿玻璃棒，右手拿烧杯，在容量瓶上方慢慢将玻璃棒从烧杯中取出，插入容量瓶，再将烧杯嘴紧靠玻璃棒，倾斜烧杯，使溶液沿着玻璃棒慢慢流入容量瓶(图 2-20)。当溶液流完后，烧杯嘴紧靠玻璃棒慢慢直立，使烧杯与玻璃棒间的液滴流回烧杯中。将玻璃棒取出放入烧杯。用少量蒸馏水淋洗烧杯和玻璃棒，洗涤水全部转移到容量瓶中，重复淋洗 2～3 次。

(4)定容　完成定量转移后，加蒸馏水稀释至容量瓶体积的 2/3 时，用右手食指和中指拿住瓶盖的扁头，将容量瓶拿起，按水平方向旋转几周，使溶液初步混匀。再稀释至标线附近，用滴管加水至弯月面与标线相切。

(5)摇匀　同试漏方法将瓶倒立，让气泡上升到顶部后，摇荡数次，再倒转过来。如此反复多次，使溶液充分混匀。

2.注意事项

(1)摇匀溶液时，手心不可握住容量瓶的底部，以免使容量瓶内溶液受热发生体积变化。

(2)容量瓶瓶塞要用橡皮筋系在瓶颈上，决不能放在桌上，以防沾污。

(3)容量瓶不能盛放热溶液，也不能放在烘箱内烘干。

(4)容量瓶用完后，立即用水冲洗干净，如长期不用，磨口处应擦干，并用纸将磨口隔开。

二、吸管

吸管是用于准确量取一定体积液体的仪器。分为单标线的移液管和具有分度的吸量管两种(图 2-21)。

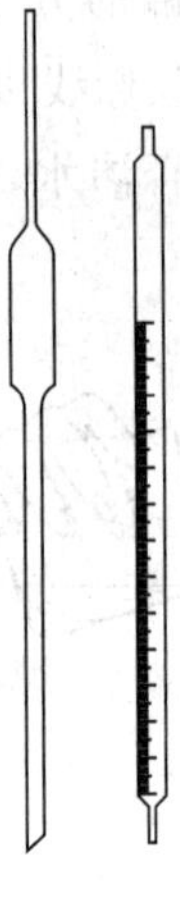

图 2-21　吸管

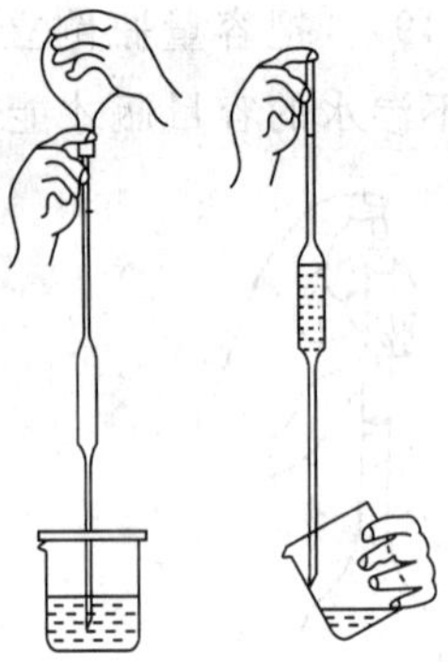

图 2-22　移液管的使用

1.吸管的使用

(1)洗涤　将待取溶液倒入一洁净的小烧杯中，用吸管吸入其容积的 1/3 左右，倾斜并慢慢转动吸管使溶液充分润洗吸管，然后从下口弃去溶液，如此反复操作 3 次。

(2)吸管的操作　移液时，右手的拇指和中指拿住移液管标线以上部分，将移液管插入溶液，左手拿吸耳球，排出空气后，紧按在移液管口上，慢慢松开握住吸耳球的手指，使溶液慢慢上升(图 2-22)。当溶液吸至标线以上时，迅速用食指堵在管口。将移液管取出液面，左手改拿盛溶液的容器，使容器倾斜约 45°，右手垂直拿的移液管管尖紧靠液面上方的容器内壁，微微松动食指，使液面缓慢下降，直到视线平视时弯月面与标线相切，立即按紧食指。左手换拿接受溶液的容器，使接受容器倾斜，移液管尖紧贴容器内壁呈 45°。松开食指使溶液沿容器内壁自由流下。待液面下降到管尖(约需 15 s)后，取出移液管。

管尖留有的少量溶液不要吹出，因为在检定移液管体积时，没有把这部分溶液考虑进去。如果吸量管上标有"吹"字，则需把管尖留有的少量溶液用吸耳球吹出。

用吸量管吸取溶液时,操作与以上相同。

吸管用完后,洗净放在吸管架上。

三、滴定管

滴定管是在定量分析中,用于准确测量滴定体积的一类玻璃仪器。一般有酸式滴定管和碱式滴定管两种(图 2-23)。

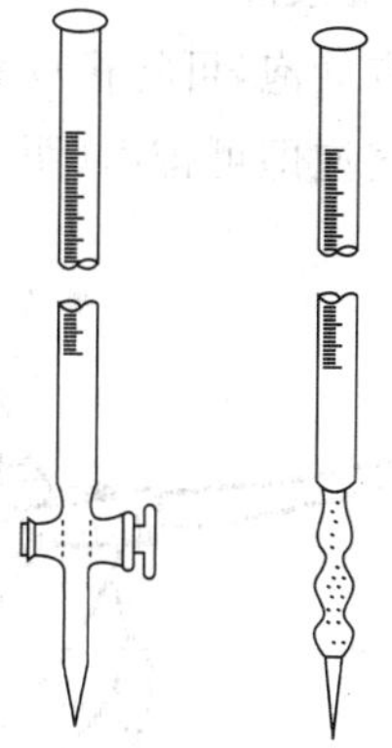

图 2-23 滴定管

酸式滴定管下部有一玻璃活塞,用以控制滴定时的滴液速度;它用来盛放酸性或氧化性溶液。碱式滴定管的刻度管与尖嘴玻璃之间由橡皮管相连,橡皮管内装有一颗玻璃珠,用以控制滴定时的滴液速度;它用来盛放碱性以及对玻璃有腐蚀作用的溶液。

1. 滴定管的准备

酸式滴定管:先检查活塞和活塞套是否匹配,然后进行下列准备工作:

(1)洗涤 用自来水冲洗或用细长的刷子(不能用钢丝刷)蘸肥皂水(不能用去污粉)刷洗。如果内壁仍有油污则可用铬酸洗液荡洗或浸泡。最后用自来水冲洗干净,外壁用吸水纸擦干。

(2)涂凡士林 为使活塞转动灵活又不致漏液需将活塞涂凡士林。将滴定管平放在实验台上,取出活塞,用吸水纸把活塞和活塞套擦干。用手指在活塞的两头表面涂上一薄层凡士林,注意不能涂在活塞孔上,以免旋转时堵塞活塞孔。然后将活塞插入活塞套中,向同一方向旋转,直到活塞和活塞套全部透明且没有纹路,活塞转动灵活。最后在活塞的小头套上橡皮圈。

(3)检漏 用自来水充满滴定管,外壁用吸水纸擦干,放在滴定管架上静置 1 min,观察是否漏水,再将活塞旋转 180°,重新检查。如有漏水,必须重新涂凡士林。

(4)装滴定液 装入滴定液前先用蒸馏水荡洗 2~3 次,每次 10 mL 左右。然后用所装溶液荡洗 2~3 次。荡洗时,两手平拿滴定管,慢慢旋转,让溶液遍及全管内壁,然后从两端放出。荡洗完毕,装入滴定液至“0”刻度以上。

(5)赶气泡　检查活塞附近有无气泡。如有气泡，应将其排出。排出气泡时，酸式滴定管用右手拿住滴定管上部无刻度处，并使之倾斜呈 30°，左手迅速打开活塞，使溶液冲下将气泡赶出。

碱式滴定管：先检查乳胶管和玻璃管是否完好，若胶管老化，玻璃球过大或过小，应予以更换。

碱式滴定管的准备基本与酸式滴定管相同。洗涤时，如需用洗液浸泡，先要拔掉乳胶管，换上一小段塞有玻璃棒的橡皮管，再用洗液浸泡。

碱式滴定管如下端尖嘴玻璃管中有气泡，可将橡皮管向上弯曲，用左手拇指和食指捏住玻璃珠的右上方，向右上方轻挤乳胶管，气泡即可排出(图 2-24)。

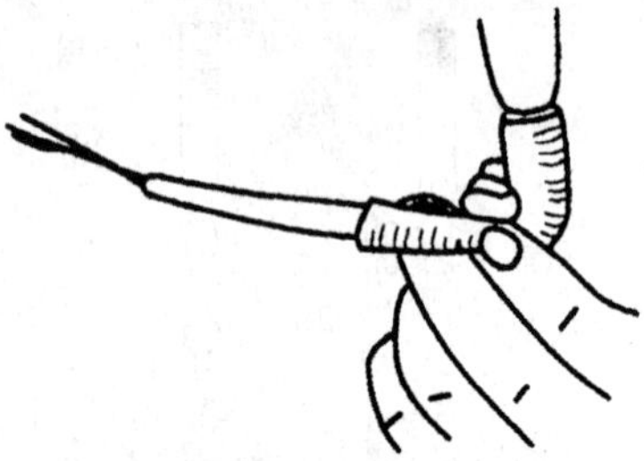

图 2-24　碱式滴定管除气泡法

2. 滴定管的读数

(1)滴定管在装满溶液和放出溶液后，必须等 1～2 min，使附着在内壁的溶液流下来，才能读数。

(2)读数时，将滴定管从滴定台上取下，用大拇指和食指捏住滴定管上部无刻度处，使滴定管自然下垂。

(3)读数时，视线与液面成水平。无色或浅色溶液读取在弯月面下缘最低处(图 2-25)；深色溶液，读液面两侧的最高点。若为蓝线滴定管，应当取蓝线上下两尖端相对点的位置读数。

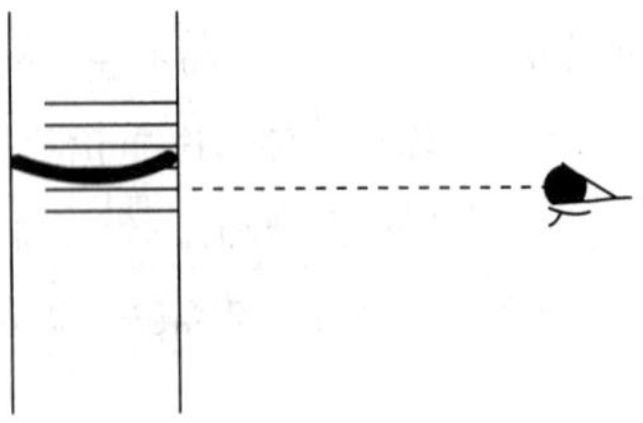

图 2-25　视线与度量的关系

(4)读数应读到小数点后第二位。

3. 滴定管的操作方法

滴定管垂直地夹在滴定管架上。

如使用酸式滴定管，左手无名指和小指向手心弯曲，用其余三指控制活塞的转动(图 2-26)。注意不要向外拉活塞，以免漏液；也不要过分往里扣，以免使活塞转动困难。

如使用碱式滴定管，左手无名指和小指夹住管口，拇指和食指在玻璃珠右上方轻挤乳胶管，使溶液在玻璃珠旁空隙处流出。不要捏玻璃珠下方的乳胶管，以免带进气泡。

4. 滴定操作

滴定操作一般在锥形瓶中进行。在锥形瓶中进行滴定时，右手前三指拿住瓶颈，瓶底离瓷板 2～3 cm。将滴定管的下端伸入瓶口约 1 cm。左手按前面滴定操作方法滴加溶液，右手运用腕力摇动锥形瓶，使溶液向同一方向做圆周运动，边摇边滴(图 2-27 和图 2-28)。滴定速度一般为 3～4 滴/s，滴定时，当接近终点时，应一滴或半滴地加入，并用洗瓶吹入少量水冲洗锥形瓶内壁，使附着的溶液全部流下，直至终点。

半滴溶液的滴加方法：先使溶液液滴悬挂在管口，以锥形瓶的内壁将其沾落，再用少量蒸馏水冲洗内壁。

5. 滴定操作的注意事项

(1)每次滴定前都应将液面调至零刻度或零刻度以下，这样可使每次滴定前后的读数基本上都在滴定管的同一部位，从而消除由于滴定管刻度不准确而引起的误差；同时避免由于溶液量不足，需重装溶液而引起的读数误差。

(2)滴定时，左手不能离开旋塞，任溶液自流。

(3)摇锥形瓶时，应微动腕关节，使锥形瓶做圆周运动，瓶中溶液向同一方向旋转，不可前后晃动，以免溶液溅出。

(4)滴定时，应认真观察锥形瓶中溶液颜色的变化，不要只顾滴定管刻度的变化，而忽略了反应的进行。

图 2-26 酸式滴定管操作

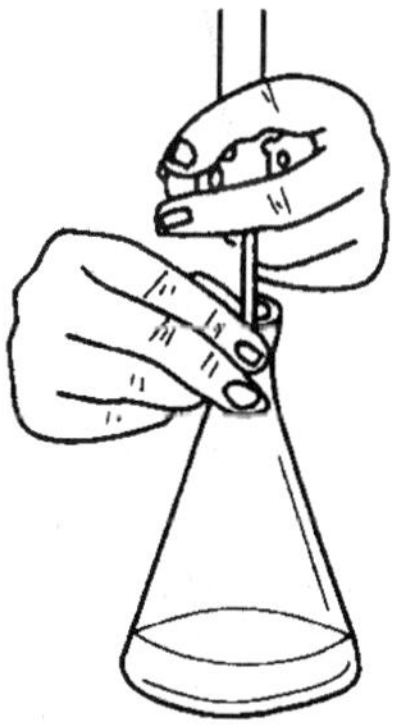

图 2-27 锥形瓶滴定操作

图 2-28 烧杯滴定操作

第八节　蒸馏与萃取技术

一、蒸馏

蒸馏是根据液体混合物中各组分沸点(饱和蒸汽压)的不同,分离、提纯液态混合物的常用方法。将液态混合物加热至沸腾,使其部分气化,然后再将蒸气冷凝为液体,收集到另一容器中,这两个过程的联合操作叫蒸馏。

当液体混合物沸腾时,产生气、液两相。其中低沸点(饱和蒸气压较高)组分在气相中的比例较大,而高沸点(饱和蒸气压较低)组分在液相中所占比例较大,此时若将气相冷凝收集,即可得到低沸点组分含量较多的液体。各组分沸点相差愈大,蒸馏分离效果愈好。

常压蒸馏较适用于分离沸点大于 30℃的液体混合物,同时还可粗略测出液体的沸点。

1.蒸馏装置

普通蒸馏装置如图 2-29 所示。主要包括汽化、冷凝、接收三部分。

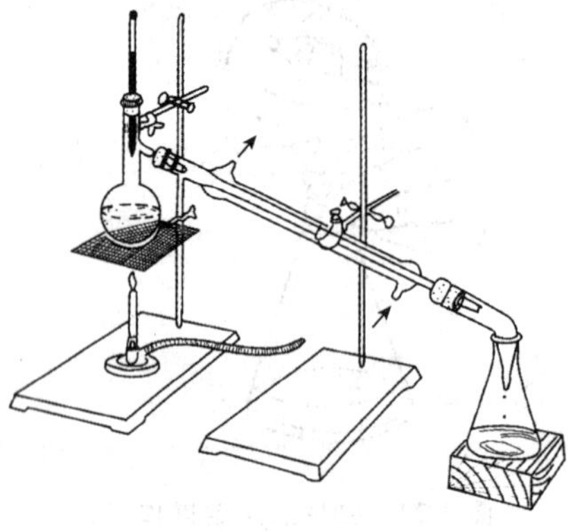

图 2-29　普通蒸馏装置(标准接口玻璃仪器)

(1)汽化部分　由圆底烧瓶和蒸馏头、温度计组成。液体在烧瓶内受热汽化后,其蒸气由蒸馏头侧管进入冷凝管。选择烧瓶规格时,以被蒸馏物的体积不超过烧瓶容积的 2/3,不少于 1/3 为宜。

(2)冷凝部分　由冷凝管组成。蒸气进入冷凝管时,被外层套管中的冷水冷凝为液体。

(3)接收部分　由接液管和接收器组成。

2.蒸馏装置的安装

(1)根据蒸馏物的性质选择热源,再根据热源的高低依次安装铁圈(或三角架)、石棉网(或水浴、油浴)。

(2)安装烧瓶,注意瓶底应距石棉网 1~2 mm,不要触及石棉网;用水浴或油浴时,瓶底应距水浴(或油浴)锅底 1~2 cm。蒸馏瓶用铁夹垂直夹好。

(3)加入沸石,蒸馏时,由于烧瓶内壁光洁,难以形成微小的气泡中心,这样多数液体加热时会产生"过热"现象,即液体温度已到或超过沸点温度,但仍不沸腾,若一旦有气化中心产生,即会剧烈沸腾,发生"暴沸"冲出瓶外,甚至造成火灾。为了防止这种现象的发生,需要在加热前加入几粒沸石(如瓷片、玻璃沸石等)。沸石表面有许多微孔,能吸附空气,加热时这些空气可以成为液体的汽化中心,避免液体暴沸。

(4)按由下到上,从左到右依次安装蒸馏头、温度计、冷凝管、接液管和接收瓶。蒸馏瓶与蒸馏头之间有时需借助于大小接头连接。

(5)安装温度计。通常借助温度计旋塞固定在蒸馏头的上口处。温度计水银球的上端应和蒸馏头侧管的下沿在同一水平线上。

(6)安装冷凝管。冷凝水应从冷凝管的下口流入,上口流出,并使上端的出水口朝上,保证冷凝管的套管中始终充满水。若接液管不带支管时,切不可将接液管与接受瓶之间用塞子连接,以免造成封闭体系,使体系压力过大而发生爆炸。所用仪器必须清洁干燥,规格合适。

3.蒸馏操作

(1)加料　将待蒸馏液通过长颈玻璃漏斗小心倾入烧瓶中。漏斗下口应超过蒸馏头侧管的下沿,以防液体从支管流入冷凝管。加入几粒沸石,装好温度计。

(2)通冷却水　检查装置的气密性和与大气相通处是否畅通后,打开水龙头缓慢通入冷却水。

(3)加热　开始小火加热,逐渐增大加热强度,使液体沸腾,温度计读数急剧上升。这时应适当调小热源温度,使加热速度略为减慢,在整个蒸馏过程中,控制加热温度,调节蒸馏速度,通常馏出液以每秒 1~2 滴为宜。同时应使温度计水银球下部始终挂有液珠。确保温度计读数为气相露点温度。

(4)观察沸点、收集馏分　进行蒸馏前,至少要准备两个接受瓶。因为在达到预期物质的沸点之前,常有沸点较低的液体先蒸出。这部分馏液称为"前馏分"或"馏头"。前馏分蒸完,温度趋于稳定后,蒸出的就是较纯的物质,这时应更换一个洁净的接受瓶接受,记下这部分液体开始馏出时和最后一滴时温度计的读数,即该馏分的沸程(沸点范围)。纯粹液体的沸程一般不超过 1~2℃。

(5)停止蒸馏　当维持原来的加热温度,不再有馏液蒸出,温度会突然下降。这时就应停止蒸馏。即使杂质含量极少,也不要蒸干,以免蒸馏瓶破裂及发生其他意外事故。

(6)卸载装置　蒸馏完毕先应灭火,然后停止通水,拆下仪器。拆除仪器的顺序和装配的顺序相反,先取下接收器,然后拆下接液管、冷凝管、蒸馏头和蒸馏瓶等。蒸馏高沸点物质时,应注意立即拆除装置以防蒸馏头和蒸馏瓶"咬死"。

4.注意事项

(1)安装普通蒸馏装置时,各仪器之间连接要紧密,但接受部分一定要与大气相通,决不能造成密闭体系。

(2)沸石应在加热前加入,不得在近沸或过热液体中加入,若因故中断蒸馏,则原有的沸石失效,再蒸馏时要重新补加沸石。

(3)蒸馏时加热的温度不能过高,否则会使蒸气过热,水银球上的液珠消失,这样由温度计读出的沸点会偏高;温度不能过低,由于温度计的水银球不能为馏出液蒸气充分浸润而使温度计上所读得的沸点偏低。

(4)蒸馏过程中若需要续加物料,必须在停止加热后进行,但不能中断冷却水。

二、水蒸气蒸馏

水蒸气蒸馏是用来分离和提纯液态或固态有机化合物的一种方法,常用于下列几种情况:

(1)某些沸点高的有机化合物,在常压蒸馏虽可以与副产物分离,但易被破坏。

(2)混合物中含有大量树脂状杂质或不挥发性杂质,采用蒸馏、萃取等方法都难以分离。

(3)从较多固体反应物中分离出被吸附液体的。

被提纯物质必须符合以下几个条件:

(1)不溶或难溶于水。

(2)共沸腾下与水不发生化学反应。

(3)在100℃左右时,必须具有一定的蒸气压[至少666.5 ～ 1 333 Pa(5 ～ 10 mmHg)]。

1.基本原理

当有机物与水一起共热时,根据分压定律,整个系统的蒸气压应为各个组分蒸气压之和。即式中 p 为总蒸气压,p_{H_2O}为水蒸气压,p_A 为与水不相容或难溶物质的蒸气压。

当总蒸汽压(p)与外界大气压相等时,则液体沸腾。显然,混合物的沸点低于任何一个组分的沸点。即有机物可在比其沸点低得多的温度,而且在低于100℃的温度下随蒸气一起蒸馏出来。这样的操作叫作水蒸气蒸馏。例如,在制备苯胺时,苯胺的沸点为184℃,将水蒸气通入含有苯胺的反应混合物中,当温度达到98.4℃时,苯胺的蒸气压为5 652.5 Pa,水的蒸气压为95 427.5 Pa,两者总和接近于大气压力,于是,混合物沸腾,苯胺就随蒸汽一起被蒸馏出来。

伴随水蒸气馏出的有机物和水,二者的物质的量之比 n_A/n_{H_2O} 等于二者的分压(p_A/p_{H_2O})之比。因此,馏出液中有机物同水的质量比可按以下式计算:

$$\frac{n_A}{n_{H_2O}}=\frac{p_A}{p_{H_2O}}$$

$$\frac{\frac{m_A}{M_A}}{\frac{m_{H_2O}}{M_{H_2O}}}=\frac{p_A}{p_{H_2O}} \qquad 则\frac{m_A}{m_{H_2O}}=\frac{M_A\times p_A}{18\times p_{H_2O}}$$

例如,$p_{H_2O}=95\ 427.5\ \text{Pa}$ $p_{苯胺}=5\ 652.5\ \text{Pa}$ $M_{H_2O}=18\ \text{g}\cdot\text{mol}^{-1}$ $M_{苯胺}=93\ \text{g}\cdot\text{mol}^{-1}$

则$\frac{m_{苯胺}}{m_{H_2O}}=\frac{93\times 5\ 652.5}{18\times 95\ 427.5}=0.31$

馏出液中苯胺的含量　$\frac{0.31}{1+0.31}\times 100\%=23.7\%$

此值为理论值，因为实验时有相当一部分水蒸气来不及与被蒸馏物做充分接触便离开蒸馏烧瓶。同时，苯胺微溶于水（绝对不溶于水的物质是没有的），所以，实验蒸出的水量往往超过计算量，计算值仅为近似值。

应用过热水蒸气可以提高馏出物中有机化合物的含量。例如，苯甲醛（沸点 178℃）进行水蒸气蒸馏，在 97.9℃沸腾［此时水的蒸气压为 93.7 kPa(703.5 mmHg)，苯甲醛的蒸气压为 7.5 kPa(56.5 mmHg)］，这时馏出液中中苯甲醛占 32.1%；若导入 133℃过热蒸汽，这是苯甲醛的蒸气压可达 29.3 kPa(220 mmHg)。因而水的蒸气压只要 71.9 kPa(540 mmHg)就可使体系沸腾，此时，馏出液中苯甲醛的含量提高到 70.6%。在实际操作中，过热蒸汽还应用在 100℃时仅具有 133 ～ 666 Pa(1 ～ 5 mmHg)蒸气压的化合物。例如，在分离苯酚的硝基化合物时，邻硝基苯酚可用水蒸气蒸馏出来，待邻硝基苯酚蒸馏完毕，再提高水蒸气温度也可以蒸馏出对硝基苯酚。

2. 水蒸气蒸馏装置

图 2-30 是实验室常用的水蒸气蒸馏装置。包括水蒸气发生器、蒸馏容器、冷凝器和接收器四个部分。

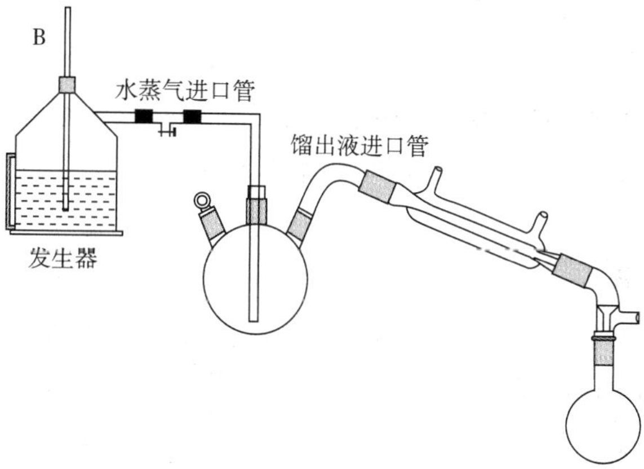

图 2-30　水蒸气蒸馏装置

(1)水蒸气发生器　一般用金属制成的，其中水的液面可以从侧面玻璃管中观察，B 是一根长玻璃管，起安全管的作用，管的下端应位于水面以下接近容器底部。蒸馏过程中可以根据 B 管内水位的高低或升降情况来判断体系是否堵塞，以保证操作的安全。导出管与一个 T 形管相连。这段水蒸气导管应尽可能短些，以减少水蒸气的冷凝。T 形管用来除去管路中冷凝下来的水，有时在操作中发生不正常的情况时，可使水蒸气发生器与大气相通。

通过水蒸气发生器安全管中水面的高低，可以观察到整个水蒸气蒸馏系统是否畅通，若水面上升很高，则说明有某一部分堵塞住了，应立即旋开螺旋夹，移去热源，拆下装置进行检查

(一般是水蒸气导入管下端被树脂状物质或者焦油状物堵塞)和处理。否则,就有可能发生塞子冲出、液体飞溅等危险。

需要过热蒸汽进行蒸馏时,可以在水蒸气发生器的出口处连接一段金属盘管,用灯焰加热,水蒸气通过盘管,即可变成过热水蒸气。

(2)蒸馏容器　通常采用长颈圆底烧瓶,被蒸馏液体体积不能超过烧瓶容积的1/3,斜放与桌面呈45°角,这样可以避免由于蒸馏时液体跳动十分剧烈而引起液体从导出管冲出,以至污染馏出液。

(3)水蒸气蒸馏操作　将需要蒸馏的固体样品置于圆底烧瓶中,然后在水蒸气发生器中加入约占容积1/3的热水。待检查整个装置不漏气后,旋开T形管,加热至沸腾。当大量水蒸气产生从T形管的支管冲出时,立即旋紧螺旋夹,水蒸气便进入烧瓶,开始蒸馏。在蒸馏过程中,如果由于水蒸气的冷凝而使烧瓶内液体量增加,以至超过烧瓶容积的2/3时,或者水蒸气蒸馏速度不快时,则将蒸馏容器用石棉网隔开,进行加热,要注意烧瓶内的蹦跳现象,如果蹦跳剧烈,则不应加热,以免发生意外。蒸馏速度为2～3滴/s。

在蒸馏过程中必须经常检查安全管中的水位是否正常,有无倒吸现象,蒸馏部分是否剧烈。一旦发生不正常,应立即旋开螺旋夹,移去热源,寻找原因,排除故障,待故障完全排除后,方可继续加热蒸馏。

当馏出液无明显油珠,澄清透明时,便可停止蒸馏。这时必须先旋开螺旋夹,再移去热源,以免发生倒吸现象。然后将馏出液转移至分液漏斗中,静置,待完全分层后,分离。

三、萃取

利用物质在两种不互溶(或微溶)溶剂中溶解度的不同进行分离、提纯混合物的操作,叫萃取。通过萃取可以从混合物中提取出所需要的物质,也可以除去混合物中少量杂质。通常后一种情况称为“洗涤”。

(一)萃取溶剂的选择

用于萃取的溶剂叫萃取剂。常用的萃取剂有有机溶剂、水、稀酸溶液、稀碱溶液、浓硫酸等。实验中可根据情况加以选择。

1.选择萃取溶剂的基本原则

(1)萃取溶剂对被提取物有较大的溶解度,并且与原溶剂不相溶或微溶;

(2)两溶剂之间的相对密度差异较大以利于分层;

(3)化学稳定性好,与原溶剂和被提取物都不反应;

(4)沸点较低,萃取后易于用常压蒸馏回收。此外,也应考虑价廉、毒性小、不易着火等。

2.常用的萃取剂

(1)有机溶剂　苯、乙醇、乙醚和石油醚等有机溶剂可将混合物中的有机产物提取出来,也可除去某些产物的有机杂质。

(2)水　可用来提取混合物中的水溶性产物,又可用于洗去有机产物中的水溶性杂质。

(3)稀酸(或稀碱)溶液　常用于洗涤产物中的碱性(或酸性)杂质。

(4)浓硫酸 可用于除去产物中的醇、醚等少量有机杂质。

(二)液体物质的萃取(或洗涤)

液体物质的萃取常在分液漏斗中进行。分液漏斗的使用及萃取操作如下：

1.使用前的准备

(1)洗涤 选择容积较液体体积大1倍以上的分液漏斗，洗净。

(2)涂凡士林 用滤纸吸干旋塞及旋塞孔道的水分。在旋塞上薄薄地涂上一层凡士林，然后将其小心插入孔道并旋转数圈，使凡士林分布均匀呈透明为止。用橡皮筋固定旋塞。

(3)检漏 关好旋塞，在分液漏斗中装上水，观察旋塞两端有无渗漏现象，再开启旋塞，观察水是否能顺畅流下；然后，盖上顶塞，用手抵住顶塞，倒置漏斗，检查其严密性。

2.萃取(或洗涤)操作

(1)装液 将分液漏斗放在铁圈中(铁圈固定在铁架上)。将混合溶液和萃取剂(一般为溶液体积的1/3)依次自上口倒入分液漏斗中，塞好顶塞(此塞子不能涂油，塞好后可再旋紧一下，以免漏液)。

(2)振摇 取下分液漏斗振摇，以使两液相之间的接触面增加，提高萃取效率。

振摇方法如图2-31所示，以右手手掌顶住漏斗磨口玻璃塞子，手指(根据漏斗的大小)可握住漏斗颈部或本身，左手持旋塞部位，大拇指和食指按住活塞柄，中指垫在塞座下边，振摇时将漏斗稍倾斜，漏斗的活塞部分向上，这样便于活塞放气。

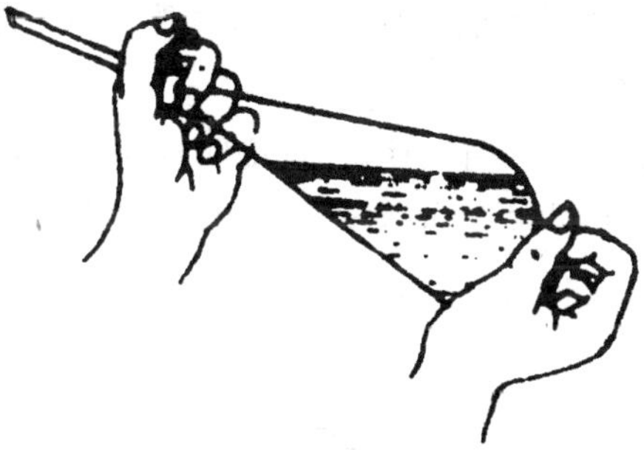

图2-31 振荡分液漏斗示意图

(3)放气 开始时振摇要慢，振摇几次以后，打开活塞，排出因振摇而产生的气体。如果不经常放气，塞子就可能被顶开而出现漏液。

(4)静置 待漏斗中过量的气体逸出后，再剧烈振摇2～3 min，然后将漏斗放回铁圈中，打开顶塞，静置分层。

3.分离操作

当两层液体界面清晰后，先把分液漏斗下端靠在接收器的内壁上，再将活塞缓缓旋开，放出下层液体。当两液体间的界线接近旋塞处时，暂时关闭旋塞，将分液漏斗轻轻振摇一下，再静置片刻，使两液相间界面清晰，然后打开旋塞，仔细放出下层液体。当液体间的界线移至旋塞孔的中心时，关闭旋塞。最后将上层液体从分液漏斗的上口倒出。

萃取次数取决于分配系数，一般为 3～5 次。将所有的萃取液合并，加入合适的干燥剂干燥，然后蒸去溶剂。萃取所得的有机物视其性质可利用蒸馏、重结晶等方法纯化。

4. 操作注意事项

(1)分液漏斗中装入的液体量不得超过其容积的 1/2。因为液体量过多，进行萃取时，不便振摇漏斗，两相液体难以充分接触，影响萃取效果。

(2)在萃取碱性溶液或振摇过于激烈时，常常会产生乳化现象；有时由于存在少量絮状沉淀、溶剂互溶、两液相的密度相差较小等原因也可能使两液相界线不明显，造成分离困难。解决以上问题的方法有：

①较长时间静置；

②加入少量电解质，以增加水相的密度，利用盐析作用，破坏乳化；

③若因溶液碱性而产生乳化，常可加入少量稀硫酸振摇；

④当含有絮状沉淀时，可将两相液体过滤；

⑤滴加数滴乙醇，改变液体表面张力，使两相分层。

(3)分液漏斗使用完毕，应用水洗净，擦去旋塞和孔道中的凡士林，在顶塞和旋塞处垫上纸条，以防久置黏结。

(三)固体物质的萃取

固体物质的萃取可以采用浸取法，将固体物质浸泡在特定的溶剂中，其中易溶成分被慢慢浸取出来。实验室通常是采用脂肪提取器(索氏提取器)萃取固体物质。

脂肪提取器是利用溶剂回流和虹吸原理，使固体物质每一次都能为纯的溶剂所萃取，实现连续、多次萃取，因而效率较高。

脂肪提取器如图 2-32 所示，主要有圆底烧瓶、提取器和冷凝管三部分组成。

(1)萃取前应先将固体物质研细，以增加液体浸溶的面积，然后将固体物质放在滤纸套 1 内，置于提取器 2 中。按图 2-32 安装好装置。

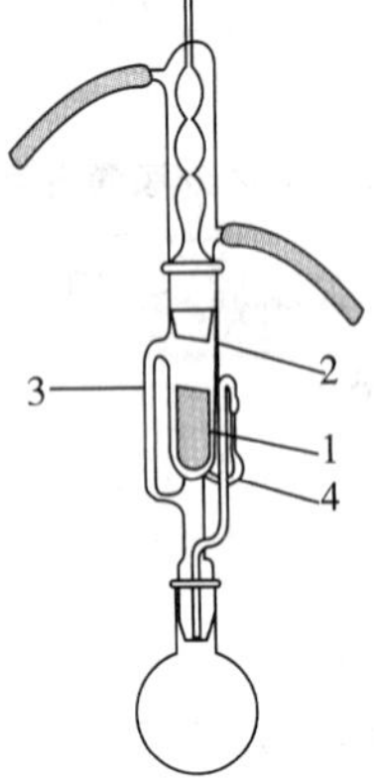

图 2-32　脂肪提取器

1. 滤纸套　2. 提取器　3. 玻管　4. 虹吸管

(2)溶剂沸腾时,蒸气通过玻管3上升进入冷凝管,冷凝成为液体,滴入提取器中,浸泡固体并萃取出部分物质。当萃取的溶剂的液面超过虹吸管4的最高处时,即虹吸流回烧瓶。这样循环往复,利用溶剂回流和虹吸作用,使固体中的可溶物质富集到烧瓶中。然后用其他方法除去溶剂,便可得到要提取的物质。

四、升华

升华是纯化固体有机化合物的一种方法。某固态物质受热后不经过液态直接气化,蒸气受到冷却又直接变成固体,这个过程叫升华。升华所需的温度一般较蒸馏时低,但是只有在其熔点温度以下具有相当高蒸气压(高于2.67 kPa)的固态物质,才可用升华来提纯;其次与杂质的蒸气压差要大。如樟脑在179℃时(熔点)的蒸气压为49.3 kPa(370 mmHg),在未达熔点温度之前,樟脑已具备很高的蒸气压,若将它在熔点温度之下加热,它将不经液态直接气化,蒸气遇冷凝面就可以凝结为固体,这样得到纯度很高的样品。利用升华可除去不挥发性杂质,或分离不同挥发度的固体混合物。升华常可得到较高纯度的产物,但操作时间长,损失也较大,在实验室里只用于较少量(1～2 g)物质的纯化。

为了加快升华速度,升华可在减压下进行。减压升华特别适用于常压下蒸气压不高或受热易分解的物质。

最简单的升华装置如图2-33所示。它是用一蒸发皿,在其中放要升华的物质,上面覆盖一张刺有许多小孔的滤纸,然后将大小合适的玻璃漏斗倒盖在上面,漏斗的颈部塞有玻璃毛或棉花团,以减少蒸气逸散。使用常压升华装置升华时,可在石棉网上渐渐加热(最好用沙浴),控制温度低于被升华物质熔点,使其慢慢升华。蒸气通过滤纸小孔上升,遇冷空气冷却凝结在滤纸上或漏斗壁上。

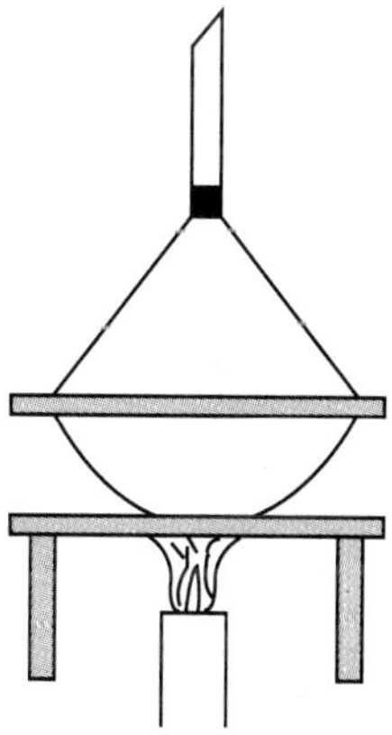

图2-33 升华装置

模块三　常用仪器介绍

第一节　酸度计
第二节　电导率仪
第三节　分光光度计
第四节　旋光仪

第一节　酸度计

酸度计又叫 pH 计，其种类很多，现介绍实验室常用的几种。

一、pHS-3C 型酸度计

pHS-3C 数字型酸度计，可连接电脑或记录仪使用，是较新型的酸度计。仪器面板旋钮如图 3-1 所示。

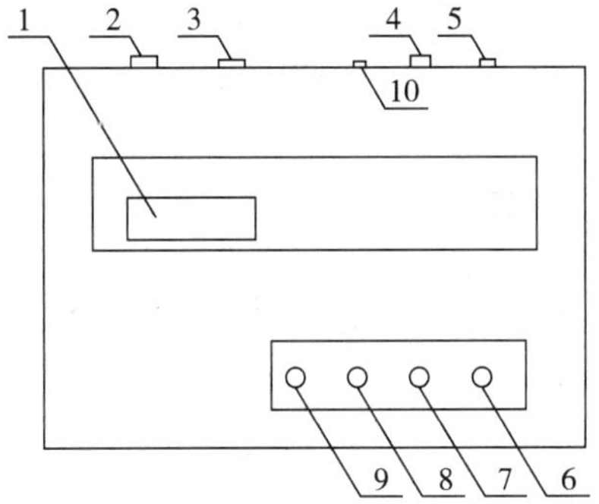

图 3-1　pHS-3C 型酸度计面板旋钮图

1. 数字显示屏　2. 上：保险丝　下：电源插座　3. 电源开关　4. 参比电极接口　5. 复合电极接口　6. 温度补偿器　7. 斜率调节器　8. 定位调节器　9. pH/mV 选择开关　10. 信号输出接口，接记录仪或电脑

仪器使用方法如下：

1. 准备工作

(1)接通电源并开机，仪器开始工作，显示屏显示数字(仪器未稳定前，数字可能有跳动)。

(2)开机预热 10 min，待数字稳定后，将电极插入仪器上复合电极接口 5。插入后必须顺时针方向转动 90°。(当需要取下电极时，应逆时针转动 90°，才能取下电极)

2. 仪器校正

(1)配制 pH 7、pH 4、pH 9 标准溶液，分别倒入烧杯中，用温度计测量该溶液的温度，将温度补偿器 6 调到相同温度值。

(2)将 pH/mV 功能键 pH 挡，显示屏显示 pH。

(3)定位:将电极浸入 pH 7 标准溶液中,搅动电极以加速响应时间。静置,待示值稳定后,调节定位调节器 8,使显示值与该液温度下的标准值一致(表 3-1)。

表 3-1　标准缓冲溶液的 pH 与温度对照表

温度 t/℃	pH4.00	pH6.86	pH 9.18
0	4.01	6.98	9.46
5	4.00	6.95	9.39
10	4.00	6.92	9.33
15	4.00	6.90	9.28
20	4.00	6.88	9.23
25	4.00	6.86	9.18
30	4.01	6.85	9.14
35	4.02	6.84	9.10
40	4.03	6.84	9.07
45	4.04	6.83	9.04
50	4.06	6.83	9.02
55	4.07	6.83	8.99
60	4.09	6.84	8.97
70	4.12	6.85	8.93
80	4.16	6.86	8.89
90	4.20	6.88	8.86
95	4.22	6.89	8.84

(4)斜率:取出电极,洗净拭干,浸入 pH 4(待测液是酸性溶液)或 pH 9(待测液是碱性溶液)标准溶液中,搅拌,静置。待示值稳定后与标准值对照。

(5)重复(3)、(4),直到示值与标准值一致,校正完毕。

3. 测试被测溶液

将校正好的电极洗净,用滤纸吸干后,浸入被测溶液中,搅拌、静置,等示值稳定后记下示值,即为该被测溶液的 pH。

4. 测试完毕

测试完毕后关机,洗净电极,pH 电极套上保护套或浸泡在 3.3 $mol \cdot L^{-1}$氯化钾溶液中,以备下次使用。

5. 注意事项

(1)连接复合电极的插头、插座,其内芯需保持清洁、干燥、不得污染。

(2)对精度要求高的测量,pH 电极应置于 3.3 $mol \cdot L^{-1}$氯化钾溶液中,浸泡 6 h 进行活化,标定和测量最好在同一温度,同一时间下进行,以减少因电极活化不够,温度、时间差异带来的误差。

(3)仪器校正步骤不可混淆，否则仪器平衡破坏，数值严重失真。

(4)pHS 型酸度计使用时不需调零位(仪器零位设在 7.0 pH)。

(5)复合电极是玻璃电极和参比电极组合在一起的新颖电极。因此，不适宜长时间浸泡在蒸馏水(或去离子水)中。当电极浸入被测液时，应搅拌。否则，反应缓慢，影响测量精度。

(6)仪器经校正好后，测试被测溶液时，不可再调节定位，斜率调节器。否则，仪器线性破坏，影响测试精度。

(7)配制的标准溶液，其存放期一般是 2～3 个月，超过时间或有霉变、混浊情况，应重新配制。

(8)有下列情况之一，仪器应重新校正：

①长期不用使用；②更换电极；③动过定位、斜率调节器；④温差较大。

(9)新购仪器初次使用，或长期不用时，仪器可能会出现数字跳动不停。特别是在调定位、斜率时，数字跳动更加明显。

(10)电极在强碱(pH≥12)或含有氰化物的溶液中，测试时间要短，测试完后，要反复冲洗电极，否则将影响电极寿命。

二、pHS-3CW 型酸度计

pHS-3CW 型酸度计仪器面板如图 3-2 所示。

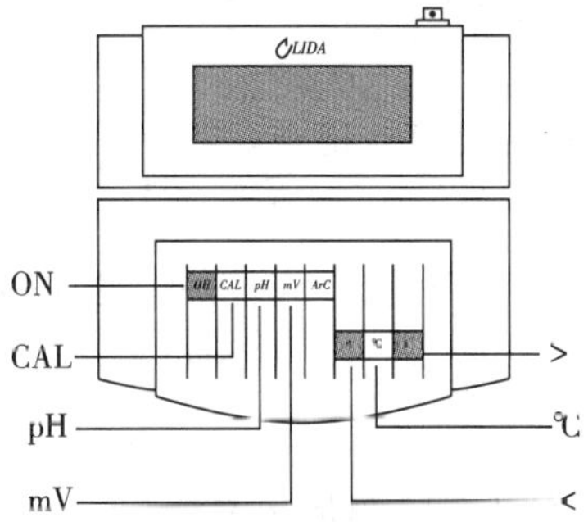

图 3-2 pHS-3CW 型酸度计面板旋钮图

ON：开关键 CAL：校准键 ℃：温度设置键 pH：pH 测量键

mV：mV 测量键 >：递增键 <：递减键

pHS-3CW 微机型精密酸度计具有液晶显示屏，它可以同时显示操作状态图标、℃、pH 或 mV值(图 3-3)。

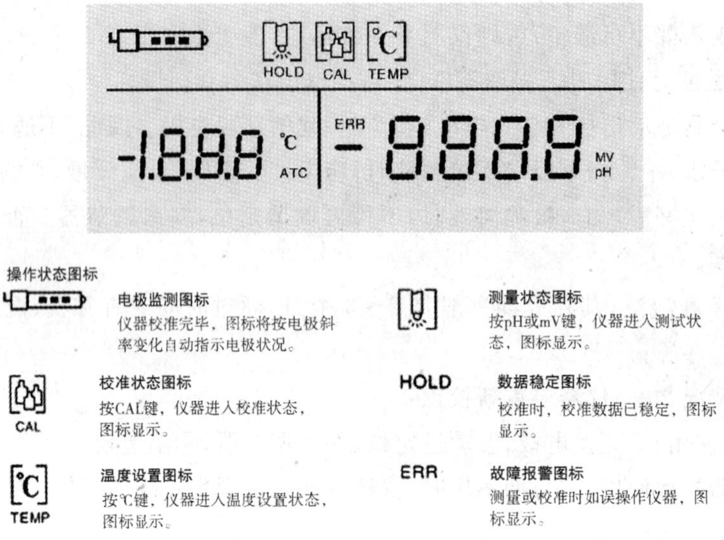

图 3-3 操作状态图标

仪器使用方法如下：

1. 开机

(1)接通电源，仪器全屏显示，约 2 s 后自动关闭。

(2)按[ON]键，仪器开机，屏幕显示数值，仪器进入测量 pH 状态。

2. 设置温度

(1)用温度计测量待测溶液的温度值并记录，

(2)按[℃]键，屏幕显示温度。

(3)按[<]或[>]键，将温度数值设置为当前溶液的温度值(正确的按键方法为：按住(<)或(>)键不放，直至屏幕显示所需数值，松开按键即可)。

(4)设置完毕后：

按[pH]键确认温度值，仪器转入 pH 测量状态；

按键[mV]键确认温度值，仪器转入 mV 测量状态；

按键[CAL]键确认温度值，仪器转入校准状态。

3. 校准仪器

pHS-3CW 共有两个校准组别：pH7-4 及 pH7-9。如待测样品为酸性溶液，使用 pH7-4 进行校准。如待测样品为碱性溶液，使用 pH7-9 进行校准。

使用 pH6.86、pH4.00 标准缓冲溶液校准仪器：

(1)按[CAL]键，屏幕显示[CAL7-4](仪器提示：先用 pH6.86 标准溶液校准仪器，再用 pH4.00 标准溶液校准仪器。如屏幕显示[CAL7-9]请按[<]键转换)。

(2)清洗电极并用滤纸吸干电极上的水珠。

(3)将电极置入 pH6.86 的标准缓冲溶液中，搅拌数次。

(4)再次按[CAL]键,仪器开始校准 pH6.86 数值,待校准数值稳定后,屏幕图标出现 HOLD 字符,仪器显示设定温度值下的 pH6.86 标准数值。(详见《标准缓冲溶液的值与温度对照表》)。

注意:图标显示代表当前溶液已校准完毕,在图标未出现前,请勿按[CAL]键确认,否则校准数值会出现偏差。

(5)按[CAL]键开始校准 pH4.00 标准缓冲溶液。

(6)将电极从 pH6.86 标准缓冲溶液中取出,用蒸馏水洗净并用滤纸吸干电极上的水珠。

(7)将电极置入 pH4.00 的标准缓冲溶液中,搅拌数次。

(8)待校准数值稳定后,屏幕图标出现 HOLD 字符,仪器显示设定温度值下的 pH4.00 标准数值。(详见《标准缓冲溶液的值与温度对照表》)。

(9)按[CAL]键确认。仪器自动显示电极斜率并进入 pH 测量状态。校准完毕。

注意:使用 pH6.86、pH9.18 标准缓冲溶液校准仪器方法同上。

(10)退出校准程序。按[pH]或[mV]键可退出校准程序。

(11)校准中的出错报警。遇到下列几种情况仪器将出现校准出错报警:

①使用严重变质的标准缓冲溶液进行校准;

②未使用仪器提示的缓冲溶液进行校准;

③电极已老化,不能再进行测量。

4. 测量 pH

(1)设置仪器温度数值。

(2)将电极在蒸馏水中洗净一下并用滤纸吸干电极上的水珠。

(3)将电极置于待测样品中稍稍晃动,待数据稳定后读数,测量完毕。

5. 电极图标的含义

每次校准后,仪器都将根据电极老化状况显示相应图标。

 图标显示三格:

电极斜率大于 97%,此时电极处于最佳状态。

 图标显示两格:

电极斜率为 96%~93%,此时电极处于正常状态。

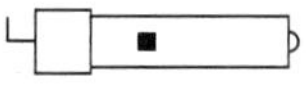 图标显示一格:

电极斜率为 92%~90%,此时应考虑更换电极。

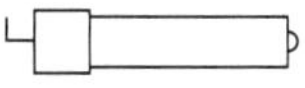 图标不显示或无任何方格:

必须更换电极,否则不能保证测量数据的准确性。

第二节　电导率仪

DDS-11A 型电导率仪的主要调节器如图 3-4 所示。在电导率仪中常用的电极有铂黑电极和光亮电极。

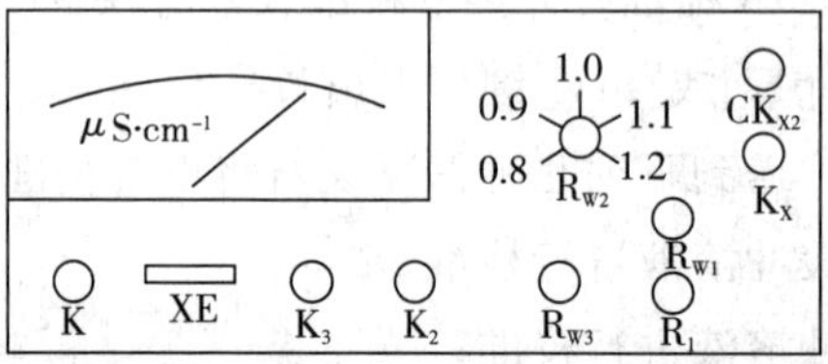

图 3-4　DDS-11 型电导率仪示意图

K:电源开关　K_2:校正、测量开关　K_3:高周、低周开关

R_{w_1}:电容外偿调节器　R_{w_2}:电极常数调节器　R_{w_3}:校正调节器

R_1:量程选择开关　XE:氖泡(指示灯)

K_x:电极插口　CK_{x_2}:10 mV 输出插口

1. 电导率仪的操作步骤

(1)先将铂黑电极放在盛有蒸馏水的小烧杯中数分钟。

(2)未开电源开关前,先检查表针是否指在零点,如果表针不指在零点,需调节表头上的螺丝至表针指零。

(3)将校正、测量开关 K_2 扳到"校正"位置。

(4)打开电源开关,预热数分钟(待指针完全稳定下来为止),调节校正调节器 R_{W3} 使表针指在满刻度上。

(5)将高周、低周开关 K_3 扳到"低周"位置。

(6)将量程选择开关 R_1 扳到适当的挡上。若预先不知被测液电导率的大小,应先把量程选择开关 R_1 扳到最大电导率测量挡,然后逐渐下降,以防电表过载,打弯表针。

(7)将电极常数调节器 R_{W2} 调节在所用电极常数相对应的位置上(这样就相当于把电极常数调整为 1,所测得溶液的电导就是溶液的电导率)。

(8)将电极插在电极插口 K_X 内,用少量待测溶液将电极冲洗二三次,将电极浸入待测溶液中。将校正、测量开关 K_2 扳到"校正"位置,读得表针的指示数,再乘以量程选择开关 R_1 所指的倍率,即为被测溶液的实际电导率。重复测定一次,取其平均值。

(9)将 K_2 扳到“校正”位置，取出电极。

(10)实验完毕，关断电源，拔下电源线，拆下电极，用蒸馏水冲洗电极后，将电极放回盒中。整理好仪器。

2. 注意事项

(1)当测量电导率低于 300 $\mu S \cdot cm^{-1}$的液体时，选用“低周”，这时将 K_3 扳向“低周”即可。当测量电导率在 $300 \sim 1 \times 10^5$ $\mu S \cdot cm^{-1}$范围的液体时，则将 K_3 扳向“高周”。

(2)当被测液的电导率低于 10 $\mu S \cdot cm^{-1}$时，使用 DJS-1 型光亮电极；当被测液的电导率在 $10 \sim 1 \times 10^4$ $\mu S \cdot cm^{-1}$范围，则使用 DJS-1 型铂黑电极；当被测液的电导率大于 1×10^4 $\mu S \cdot cm^{-1}$，以致用 DJS-1 型电极测不出时，则应选用 DJS-10 型铂黑电极(此时应把 R_{W2} 调节在与所配套的电极常数的 1/10 位置上)。

(3)量程选择开关 R_1 处于黑点所示各挡时，即看表头刻度 0～1.0；R_1 处于红点所示各挡时，即看表头刻度 0～3.0。

(4)电极的引线不能潮湿，否则将测不准。

(5)高纯水盛入容器后应迅速测量，否则电导率上升很快，因为空气中 CO_2 溶入水中，变成 CO_3^{2-}。

(6)盛被测溶液的容器必须清洁，无离子沾污。

第三节　分光光度计

一、722S 型分光光度计

722S 型分光光度计以卤素灯为光源，采用光电管为光电转换元件，衍射光栅为色散元件，工作波段范围为 340～1 000 nm。具有自动调零与自动调 100%T 功能，数显式吸光度与浓度直读测定，并可配合(连接)计算机处理数据，是一种简洁、精巧、易用和更新型的分光光度计。

1. 仪器外形结构及操作键功能

722S 型分光光度计外形结构如图 3-5 所示。

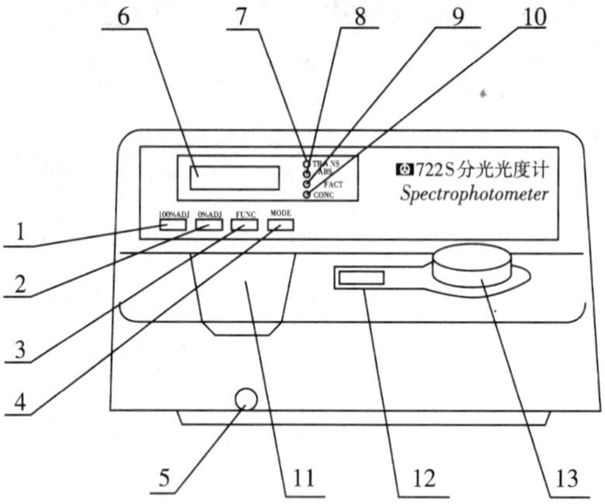

图 3-5　722S 型分光光度计外形结构示意图

1. ↑/100%T 键　2. ↓/0%T 键　3. Function 键　4. MODE 键　5. 试样槽架拉杆　6. 显示窗　7. TRANS 指示灯　8. ABS 指示灯　9. FACT 指示灯　10. CONC 指示灯　11. 样品室　12. 波长指示窗　13. 波长调节钮

2. 使用方法

(1)预热　仪器开机后灯及电子部分需热平衡，故开机预热 30 min 后才能进行测定工作，如紧急应用时请注意随时调 0%T，调 100%T。

(2)调零　打开试样盖(关闭光门)，然后按“0%”键，即能自动调整零位。

(3)调整 100%T　将用作背景的空白样品置入样品室光路中，盖下试样盖(同时打开光门)按下“100%T”键即能自动调整 100%T(一次有误差时可加按一次)。

注意：调整 100％时整机自动增益系统重调可能影响 0％，调整后请检查 0％，如有变化可重调 0％一次。

(4)调整波长 转动波长旋钮，旋钮左侧的显示窗显示所选波长，读出波长时目光垂直观察。

注意：本仪器因采用机械联动切换滤光片装置，故当旋钮转动经过 480 nm 时会有金属接触声。如在 480～1 000 nm 间存在轻微金属摩擦声，属正常现象。

(5)改变试样槽位置让不同样品进入光路 仪器标准配置中试样槽架是四位的，用试样槽拉杆来改变位置，最内为“0”位置，依次向外拉出相应为“1”“2”“3”位置，当拉杆到位时有定位感，到位时请前后轻轻推动一下以确保定位正确。

(6)确定滤光片位置 本仪器备有减少杂光，提高 340～380 nm 波段光度准确性的滤光片，位于样品室内侧，用一拨杆来改变位置。当测试波长在 340～380 nm 波段内如作高精度测试可将拨推向前(见机内印字指示)，通常不使用此滤光片，可将拨杆置在 400～1 000 nm 位置。

注意：如在 380～1 000 nm 波段测试时，误将拨杆置在 340～380 nm 波段，则仪器将出现不正常现象(如噪声增加，不能调整 100％T 等)。

(7)改变标尺 本仪器设有四种标尺。

TRANS 透射比：用于对透明液体和透明固体测量透点；

ABS 吸光度：用于采用标准曲线法或绝对吸收法析，在作动力学测试时亦能利用本系统；

FACT 浓度因子：用于在浓度因子法浓度直读时设定浓度因子；

CONC 浓度直读：用于标样法浓度直读时，作设定和读出，亦用于设定浓度因子后的浓度直读；

各标尺间的转换用 MODE 键操作并由“TRANS”，“ABS”，“FACT”，“CONC”指示灯分别指示，开机初始状态为 TRANS，每按一次顺序循环。

3. 注意事项

(1)仪器使用环境温度 10～30℃，环境湿度＜85％。

(2)电源电压应在(220±10％)V 范围内。

(3)仪器表面要用温水擦拭，请勿用乙醇、乙醚、丙酮等溶剂清洁。不用时请加盖防尘罩。

(4)每台仪器所配套的吸收池，不能与其他仪器上的吸收池单个调换。

(5)仪器不要连续使用太长时间，以免光电管疲劳。

(6)拿取比色皿时，手指不能接触其透光面。溶液应装至比色皿高度的 4/5 处，不宜过满，盛好溶液后，应先用滤纸轻轻吸去比色皿外部的水分，再用擦镜纸轻轻擦拭透光面，直至洁净透明。另外，还应注意比色皿内部不得黏附细小气泡，否则影响透射比的测定。

(7)为了使比色皿中测定溶液与原溶液的浓度保持一致，应先用该溶液清洗比色皿内壁 2～3 次。在测定一系列溶液的吸光度时，通常都是按从稀到浓的顺序进行以减小误差。

(8)必要时比色皿可用盐酸或适当溶剂浸洗，切忌用碱或强氧化剂洗涤，也不能用毛刷刷洗，以免损伤比色皿。

(9)在实际分析中，通常根据溶液中被测物含量的不同，选用厚度不同的比色皿，使溶液的吸光度控制在0.1～0.7范围之内。并在每次使用后用石油醚清洗，并用擦镜纸轻拭干净，存于比色皿盒中备用。

二、7200型分光光度计

WFJ7200型可见分光光度计采用低杂散光，高分辨率的单光束光路结构单色器，仪器具有良好的稳定性，重现性和精确的测量读数。5 nm光谱带宽可满足绝大多数分析测试项目的要求。

采用最新微处理机技术，不仅使仪器具有自动调0%A和100%T等控制功能以及多种方法的浓度运算和数据处理功能。

无论选用何种测量方式，都必须遵循以下基本操作步骤：

(1)连接仪器电源线，确保仪器供电电源有良好的接地性能。

(2)接通电源，使仪器预热20 min(不包括仪器自检时间)。

(3)用[MODE]键设置测试方式：透射比(T)，吸光度(A)，已知标准样品浓度值方式(C)和已知标准样品斜率(F)方式。

(4)用波长选择旋钮设置您所需的分析波长。

(5)将参比样品溶液和被测样品溶液分别倒入比色皿中，打开样品室盖，将盛有溶液的比色皿分别插入比色皿槽中，盖上样品室盖。

(6)将0%T校具(黑体)置入光路中，TRANS指示灯亮时按“0%T”键，此时显示器显示透光率为“0.000”。

(7)将参比样品推(拉)入光路中，TRANS指示灯亮时，按“100%T”键调100%T，此时显示器显示的“BLA”值至“100.0” %T，表示透光率为“100%”。ABS指示灯亮时，数字显示为“0.000”，表示此时吸光度A为“0.000”。

(8)当仪器显示器显示出“100.0”%T或“0.000”A后，将被测样品推(拉)入光路，这时，便可从显示器上读出被测样品的透射比T或吸光度A值。

第四节 旋光仪

旋光仪是测定物质旋光度的仪器，通过旋光度的测定，可分析物质的浓度、含量及纯度等。WZZ-2S 数字式旋光仪操作简便，快速，数显式直读测定，并可连接电脑处理数据，是一种更新型的产品。

WZZ-2S 数字式旋光仪的使用方法按以下基本操作步骤：

(1)安放仪器。本仪器应在正常的照明、室温和湿度条件下使用，防止在高温高湿的条件下使用，避免经常接触腐蚀性气体，否则将影响使用寿命，承放本仪器的基座或工作台应牢固稳定，并基本水平。

(2)接通电源。将随机所附电源线一端插 220 V 50 Hz 电源，(最好是稳压电源)，另一端插入仪器背后的电源插座中。

(3)接通电源后，将电源开关按向上，等待 5 min 使钠灯发光稳定。

(4)将光源开关按向上，此时钠灯在直流供电下点燃(参见图 3-6 仪器正面图)。

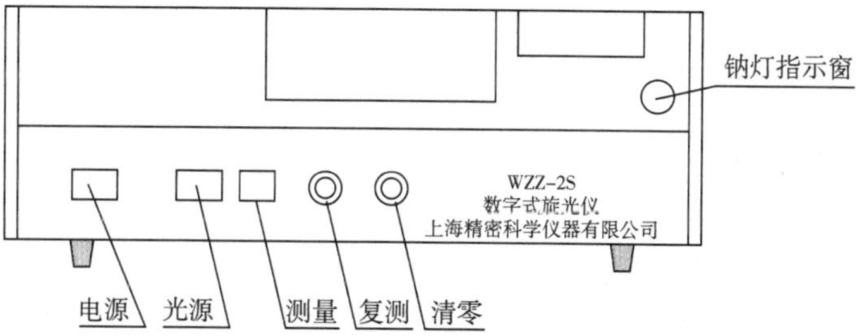

图 3-6 仪器正面图

(5)准备试管。

(6)将测量开关按向上，数码管将出现数字。

(7)清零。在已准备好的试管中注入蒸馏水或待测试样的溶剂放入仪器试样室的试样槽中，按下清零按键，使数码管示数为零。一般情况下本仪器如在不入试管时示数为零，则放入无旋光度溶剂后(例如蒸馏水)测数也为零，但须注意倘若在测试光束的通路上有小气泡或试管的护片上有油污、不洁物或将试管护片旋得过紧而引起附加旋光数，则将会影响空白测数，在有空白测数存在时必须仔细检查上述因素或者用装有溶剂的空白试管放入试样槽后再清零。

(8)测试。除去空白溶剂，注入待测样品(装有试样的试管，须注意7中所述几点)将试管放入试样室的试样槽中，仪器的伺服系统动作，数码管显示所测的旋光度值，等到表示测数稳定的位于符号管上方的红点亮后再读取读数。

(9)复测。按下复测按键取几次测量的平均值作为测量结果。

注意：须待表示示数稳定的红点出现后再进行此操作，否则有可能引起下一次测数的误差。

(10)温度校正。测试前或测试时，测定试样溶液的温度，将测得的结果进行温度校正计算。

(11)测深色样品。当被测样品透过率接近1%时仪器的示数重复性将有所降低，此系正常现象。

(12)RS232接口(WZZ-2S)。仪器可以用附给的连线同电脑连接(参数：波率9 600；数据位8位；停止位1位；字节总长18)。

模块四　化学基本操作技能训练项目

技能训练一　玻璃仪器的认领、洗涤和干燥
技能训练二　容量瓶、移液管、吸管的使用与溶液的配制
技能训练三　分析天平的使用练习
技能训练四　过滤、蒸发、干燥技术的训练
技能训练五　酸碱标准溶液的配制及比较滴定
技能训练六　蒸馏和沸点的测定
技能训练七　农产品酸度的测定
技能训练八　分光光度计的使用

技能训练一　玻璃仪器的认领、洗涤和干燥

【实训目标】

1. 了解实验室环境及规则。

2. 认识实验常用玻璃仪器，熟悉其名称、规格、主要用途和使用注意事项。

3. 掌握常用仪器的洗涤和干燥方法。

【实训内容】

1. 认领仪器

按照仪器清单领取实验中常用仪器，逐个认识其形状、规格及主要用途，清点数量。

2. 仪器的洗涤

烧杯、试管、锥形瓶、量筒等一般的玻璃器皿，可根据沾污程度，选择适当大小的毛刷，用自来水蘸去污粉或用洗涤剂刷洗；而滴定管、容量瓶、移液管、吸量管等口小管细且具有精确刻度的仪器，则根据情况选用合成洗涤剂、铬酸洗液荡洗或浸泡。当壁上附有特殊污物难以除去时，应根据物质的性质有针对性地选用适当的试剂洗涤。洗涤方法详见模块二第一节洗净后请教师检查。

3. 仪器的干燥

如果实验使用的仪器需要干燥，此时可视情况不同，采用不同的干燥方法，详见模块二第一节。

思 考 题

1. 常用的洗涤方法有哪些？选择洗涤方法的原则是什么？

2. 玻璃仪器的洗净标准是什么？

3. 为什么带刻度的计量仪器不能用加热的方法进行干燥？

附：仪器、用品清单

仪器名称	规格	数量	仪器名称	规格	数量
烧杯	500 mL	1只	移液管	20 mL	1支
	250 mL	1只	容量瓶	250 mL	1只
	50 mL	1只	酒精灯		1盏
试管	1.8 cm×18 cm	6支	铁圈		1个
试管架		1个	洗瓶		1只
量筒	100 mL	1只	石棉网		1块

续表

仪器名称	规格	数量	仪器名称	规格	数量
	10 mL	1只	表面皿		1个
酸式滴定管	50 mL	1支	吸耳球		1个
碱式滴定管	50 mL	1支	玻璃棒试管夹		若干支
滴定装置		1套	玻璃漏斗		1个
锥形瓶	250 mL	2只	蒸发皿		1只

技能训练二　容量瓶、移液管、吸管的使用与溶液的配制

【实训目标】

1. 了解和学习实验室常用溶液的配制方法。

2. 学习容量瓶和移液管、吸量管的使用方法。

【仪器和试剂】

仪器：托盘天平，分析天平，容量瓶，试剂瓶，烧杯，移液管，吸量管。

试剂：冰醋酸，NaCl(s)，Na_2CO_3(s)。

【实训内容】

1. 定量分析容器的使用

(1)清洗仪器　根据仪器沾污程度，酌情选用洗涤剂清洗容量瓶、移液管和吸量管。

(2)吸管的使用练习

过程：润洗→吸液→调液面→放至烧杯中

①取 500 mL 烧杯盛一定量水，用 25 mL 移液管移取水于另一 250 mL 烧杯中，练习 3 次。

②取 500 mL 烧杯盛一定量水，用 10 mL 吸量管分别移取水 2 mL、4 mL、6 mL、8 mL、10 mL于另一 250 mL 烧杯中，各练习 3 次。

(3)容量瓶的使用

过程：试漏→转移溶液→稀释→平摇→稀释→调液面→摇匀

用 25 mL 移液管移取水 6 次于 250 mL 容量瓶中，练习平摇；再移取 3 次，观察液面，继续用洗瓶加水至近刻度，用滴管补加到刻度，摇匀。

2. 溶液的配制

(1)500 mL 0.1 mol · L^{-1} HAc 溶液的配制　用量筒量取 2.9 mL 冰醋酸于 500 mL 烧杯中，加蒸馏水稀释至 500 mL，玻璃棒搅匀。

(2)500 mL 0.1 mol · L^{-1} NaCl 溶液的配制　在托盘天平上称取 2.9 g 固体 NaCl 于

500 mL烧杯中，用50 mL蒸馏水溶解后，再加蒸馏水稀释至500 mL，玻璃棒搅匀。

(3)250 mL 0.010 00 $mol \cdot L^{-1}$ Na_2CO_3 标准溶液的配制　准确称取 Na_2CO_3 样品 0.265 0 g于50 mL烧杯中，加适量蒸馏水溶解，转移到250 mL容量瓶中，洗涤烧杯及玻璃棒2～3次，同时转移到250 mL容量瓶中，定容，摇匀。

(4)稀释标准溶液　用吸量管准确量取0.010 00 $mol \cdot L^{-1}$ Na_2CO_3 溶液2.00 mL至50 mL容量瓶中，蒸馏水定容至刻度，摇匀，并计算稀释后的准确浓度。

思考题

1. 配制一般溶液常用的方法有哪几种？
2. 配制标准溶液常用的方法有哪几种？
3. 用容量瓶配制标准溶液时，基准试剂用托盘天平称量还是用分析天平称量？为什么？
4. 配制有明显热效应的溶液时，应注意哪些问题？

技能训练三　分析天平的使用练习

【实训目标】

1. 了解分析天平的性能和基本结构，熟悉天平的使用规则。
2. 掌握直接称量法和差减称量法。

【仪器和试剂】

仪器：台秤，分析天平，小烧杯，称量瓶，表面皿，药匙，纸条。

试剂：待称试样。

【实训内容】

1. 称量前的准备

(1)检查天平是否水平，调地脚使水平珠处于正中。

(2)检查砝码到位；检查称样盘，用毛刷扫净。

(3)调零点：轻轻开启升降旋钮，待稳定后，光屏上的标线应与标尺上的零线重合。若两者相差较小，可通过调屏拉杆使之重合。若相差较大，通过平衡螺丝来调整。

(4)关闭天平，秤盘中放入被称物。全自动电光天平物品放于右盘；半自动电光天平物品放于左盘。

2. 直接称量法

先用分析天平准确称出表面皿的质量，然后称出表面皿和试样总质量。

3. 差减称量法

练习准确称取0.4～0.5 g无水 Na_2CO_3(固体)两份。

(1)准备称量瓶　取洗净的称量瓶放在表面皿上，置于已恒温(105℃)的烘箱内干燥半小时，取出表面皿，用纸条夹出称量瓶，置于干燥器内冷却备用。

(2)取上述冷却至室温的称量瓶,装入无水 Na_2CO_3 试样 2 g 左右,置台秤上粗称。

(3)在分析天平上准确其质量,记录数据 m_1。

(4)取出称量瓶,按正确的操作方法敲出 0.4～0.5 g 无水 Na_2CO_3 试样于小烧杯中,再准确称量称量瓶加剩余试样的质量,记录数据 m_2。

(5)按上述方法连续称出第二份试样。记录数据 m_3。

4.称量后的检查

每次用完天平必须检查天平是否复位,是否正常,并清洁台面。自查后请教师复查、签字、罩好天平罩,切断电源方可离开。

【数据记录及结果处理】

1.直接称量法

样品编号	1	2
表面皿质量/g		
(表面皿+样品)质量/g		
样品质量/g		

2.差减称量法

样品编号	1	2	3
倾样前称量瓶+样品质量(m_1)/g			
倾样后称量瓶+样品质量(m_2)/g			
样品质量(m_1-m_2)/g			

思考题

1.为什么要调节天平的零点?怎样调节?

2.两种称量方法分别在什么情况下选用?

3.在放置待称物体和加减砝码时,应特别注意什么?

4.用半自动电光天平称量时,若光标向右偏移,表明哪边重?

5.记录称量数据应准确至几位?为什么?

技能训练四　过滤、蒸发、干燥技术的训练

一、粗食盐的提纯

【实训目标】

1.学习提纯粗食盐的原理和方法。

2. 掌握溶解、减压过滤、蒸发、浓缩、结晶、干燥等基本操作。

【实训原理】

粗食盐中除 NaCl 外，还含有不溶性杂质（如泥沙等）和可溶性杂质（主要是 Ca^{2+}、Mg^{2+}、SO_4^{2-} 和少量 K^+ 等）。不溶于水的杂质可以将粗食盐溶于水后用过滤的方法除去；可溶性杂质通过化学方法除去。

（1）加入稍微过量的 $BaCl_2$ 溶液，除去 SO_4^{2-}，其反应式是：

$$Ba^{2+}+SO_4^{2-}=BaSO_4\downarrow$$

过滤除掉 $BaSO_4$ 沉淀。

（2）加入稍微过量的 NaOH 和 Na_2CO_3 溶液，除去 Ca^{2+}，Mg^{2+} 和过量的 Ba^{2+}：

$$Ca^{2+}+CO_3^{2-}=CaCO_3\downarrow$$

$$Mg^{2+}+2OH^-=Mg(OH)_2\downarrow$$

$$Ba^{2+}+CO_3^{2-}=BaCO_3\downarrow$$

（3）加入稍微过量的盐酸中和过量的 NaOH 和 Na_2CO_3。

粗食盐中的 K^+ 和上述沉淀剂不起作用，仍留在溶液中。由于 KCl 在粗食盐中的含量少且溶解度大，在蒸发浓缩和结晶过程中绝大部分仍留在溶液中，与结晶分离。

【仪器和试剂】

仪器：100 mL 烧杯，蒸发皿，布氏漏斗，吸滤瓶，滤纸，台秤，试管等。

试剂：2 $mol\cdot L^{-1}$ HCl，2 $mol\cdot L^{-1}$ NaOH，1 $mol\cdot L^{-1}$ $BaCl_2$，1 $mol\cdot L^{-1}$ Na_2CO_3，0.5 $mol\cdot L^{-1}$ $(NH_4)_2C_2O_4$，镁试剂，pH 试纸等。

【实训内容】

1. 溶解粗食盐

在台秤上称取 8 g 粗食盐，放入 100 mL 小烧杯中，加 30 mL 蒸馏水，用玻璃棒搅拌，并加热使其溶解。

2. 除去 SO_4^{2-} 和不溶性杂质

继续加热上述溶液至微沸，边搅拌边逐滴加入 1 $mol\cdot L^{-1}$ $BaCl_2$ 溶液（约 2 mL），直至 SO_4^{2-} 完全形成沉淀。继续加热，使 $BaSO_4$ 颗粒长大而易于沉淀和过滤，静置分层（检验 SO_4^{2-}：沿烧杯壁滴加 1～2 滴 $BaCl_2$ 溶液，观察上层清液中是否有混浊现象，如无混浊，说明已沉淀完全；如仍有混浊，则需继续滴加 $BaCl_2$ 溶液，直至沉淀完全为止）。取下烧杯静置片刻，用玻璃漏斗过滤。将滤液收集至另一干净的烧杯中，洗涤沉淀，洗涤液并入滤液中，弃去沉淀。

3. 除去 Ca^{2-}、Mg^{2+}、Ba^{2+} 等杂质离子

在搅拌条件下向上述溶液中加入 1 mL 2 $mol\cdot L^{-1}$ NaOH 和 3 mL 1 $mol\cdot L^{-1}$ Na_2CO_3 溶液，加热煮沸，待沉淀沉降后，在上层清液中滴加 1 $mol\cdot L^{-1}$ Na_2CO_3 溶液直至不再产生沉淀为止，用布氏漏斗减压过滤（图 4-1），保留滤液。

4. 中和过量的 NaOH 和 Na_2CO_3

在滤液中逐滴加入 2 mol · L^{-1} HCl 溶液，并用 pH 试纸测试，直到溶液呈微酸性（pH＝6）为止。

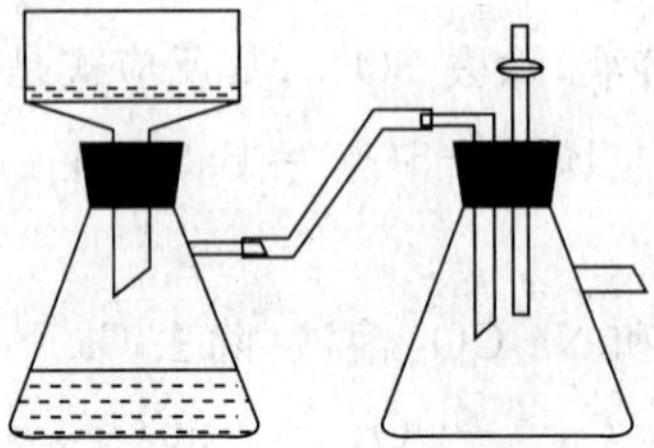

图 4-1 减压过滤装置

5. 蒸发、结晶

将溶液倒入蒸发皿中，加热蒸发，先大火蒸出大部分水分，后小火浓缩至糊状的稠液为止（除 K^+ 时切不可将溶液蒸干）。冷却结晶。

6. 干燥、称重

用布氏漏斗抽滤结晶，尽量将结晶抽干。将结晶转至蒸发皿中，在石棉网上小火烘干。便得到精制食盐。

7. 冷却后称量，计算产率

$$产率=\frac{精盐的质量}{粗食盐的质量}\times 100\%$$

8. 产品纯度的检验

在两支试管中，取原料和产品各 1 g 分别用 6 mL 水溶解，然后各盛于 3 支试管中，组成 3 组，对照检查其纯度。

(1) SO_4^{2-} 在第一组溶液中，分别加入 2 滴 1 mol · L^{-1} $BaCl_2$ 溶液，在产品溶液中应该无沉淀产生。

(2) Ca^{2+} 在第二组溶液中，各加 2 滴 0.5 mol · L^{-1} $(NH_4)_2C_2O_4$ 溶液，产品溶液应无沉淀产生。

(3) Mg^{2+} 在第三组溶液中，分别加入 2～3 滴 2 mol · L^{-1} NaOH 溶液，使溶液呈碱性，再各加入 2～3 滴镁试剂，产品溶液中应无天蓝色沉淀产生。

思考题

1. 在除去 Ca^{2+}、Mg^{2+} 和 SO_4^{2-} 时，为什么要先加 $BaCl_2$ 溶液，然后再加 Na_2CO_3 溶液？

2. NaCl 溶液浓缩时，能否直接蒸干，为什么？

技能训练五　酸碱标准溶液的配制及比较滴定

【实训目标】

1. 学习酸、碱滴定管的使用，熟练掌握正确的滴定操作方法。

2. 初步学会判断与控制滴定终点。

【仪器及试剂】

仪器：10 mL 和 100 mL 量筒，500 mL 烧杯，玻璃棒，500 mL 试剂瓶，50 mL 酸式滴定管，50 mL 碱式滴定管，250 mL 锥形瓶。

试剂：浓 HCl（AR，d=1.18～1.19），NaOH（固体，AR），0.2%甲基橙水溶液，0.2%酚酞乙醇溶液。

【实训内容】

1. 0.1 mol·L^{-1}HCl，NaOH 溶液的配制

（1）用量筒取 4.2 mL 浓 HCl 溶液，倒入 500 mL 试剂瓶中，用蒸馏水稀释至 500 mL，盖上玻璃塞，摇匀，贴上标签备用。

（2）用托盘天平称取 2 g 固体 NaOH，放于 100 mL 烧杯中，加入 50 mL 水使之全部溶解，转移至 500 mL 试剂瓶中，再加入 450 mL 水，用橡皮塞塞好瓶口摇匀，贴上标签备用。

2. 滴定管的准备

（1）清洗滴定管　根据滴定管沾污程度，酌情选用洗涤剂清洗。

（2）滴定管的使用练习

a. 酸式滴定管

涂凡士林→试漏→装溶液→赶气泡→调零→滴定→读数

b. 碱式滴定管

试漏→装溶液→赶气泡→调零→滴定→读数

3. 酸碱滴定练习

（1）用所配的 NaOH 溶液润洗碱式滴定管 2～3 次，每次 5～10 mL，弃去碱液，将所配碱液装入碱式滴定管中，赶出气泡，调好零刻度。

（2）用上述同样的方法，以所配制的 HCl 溶液润洗酸式滴定管，装入 HCl 溶液，调好零刻度。

（3）以甲基橙为指示剂，用酸滴定碱。由碱式滴定管放出 NaOH 溶液 20.00 mL 于 250 mL锥形瓶内，加 1～2 滴甲基橙指示剂，用 0.1 mol·L^{-1}HCl 溶液滴定。当溶液由黄色变为橙色为止。记下消耗 HCl 的体积。平行测定 3 次。

（4）以酚酞为指示剂，用碱滴定酸。由酸式滴定管放出 HCl 溶液 20.00 mL 于 250 mL 锥形瓶内，加 1～2 滴酚酞指示剂，用 0.1 mol·L^{-1}NaOH 溶液滴定。当溶液由无色变为微红

色,30 s 不褪色即为终点。记下消耗 NaOH 的体积。平行测定 3 次。

【数据记录和结果处理】

表 4-1 HCl 滴定 NaOH

项目 \ 次数	Ⅰ	Ⅱ	Ⅲ
V(NaOH)/mL			
HCl 终读数/mL			
HCl 初读数/mL			
V(HCl)/mL			
V(NaOH)/V(HCl)			
相对平均偏差/%			

表 4-2 NaOH 滴定 HCl

项目 \ 次数	Ⅰ	Ⅱ	Ⅲ
V(HCl)/mL			
NaOH 终读数/mL			
NaOH 初读数/mL			
V(NaOH)/mL			
V(NaOH)/V(HCl)			
相对平均偏差/%			

思考题

1. 滴定管和移液管使用前均需用操作液荡洗,而滴定用的烧杯或锥形瓶为什么不能用待测液荡洗?

2. 酸式滴定管和碱式滴定管赶气泡的操作方法有什么不同?读数时应注意哪些事项?

3. 滴定管装液时为什么必须从试剂瓶中直接将溶液加入滴定管?

技能训练六 蒸馏和沸点的测定

【实训目标】

1. 了解常压蒸馏的基本原理及意义。

2. 初步掌握蒸馏装置的安装与操作。

3. 了解测定沸点的意义。

4. 掌握常量法(即蒸馏法)及微量法测定沸点的原理和方法。

【实训原理】

蒸馏是根据液体混合物中各组分沸点(饱和蒸汽压)的不同,分离、提纯液态混合物的常用方法。将液态混合物加热至沸腾,使其部分气化,然后再将蒸气冷凝为液体,收集到另一容器中,这两个过程的联合操作叫作蒸馏。

当液体混合物沸腾时,产生气、液两相。其中低沸点(饱和蒸气压较高)组分在气相中的比例较大,而高沸点(饱和蒸气压较低)组分在液相中所占比例较大,此时若将气相冷凝收集,即可得到低沸点组分含量较多的液体。各组分沸点相差愈大,蒸馏分离效果愈好。

常压蒸馏较适用于分离沸点大于 30℃的液体混合物,同时还可粗略测出液体的沸点。

在一定压力下,纯的液态物质具有确定的沸点,因此可用蒸馏方法来测定物质的沸点和定性检验物质的纯度。但也应注意有些具有固定沸点的物质不一定都是纯的物质,因为某些有机化合物常常和其他组分形成具有一定沸点的二元或三元恒沸混合物。例如,95.6%乙醇和4.4%水形成的二元恒沸混合物,具有固定的沸点 78.17℃(纯乙醇的沸点为 78.3℃)。

【仪器及试剂】

仪器:蒸馏烧瓶,冷凝管,尾接管,接收器,电热套,温度计,提勒管,4 mm×80 mm 玻璃管,1 mm×90 mm 毛细管等。

试剂:工业酒精、自来水

【实训内容】

1. 蒸馏

(1)蒸馏装置的安装 按图 4-2 所示安装蒸馏装置,由下到上,从左到右依次安装电热套、圆底烧瓶、蒸馏头、温度计、冷凝管、接液管和接收瓶。

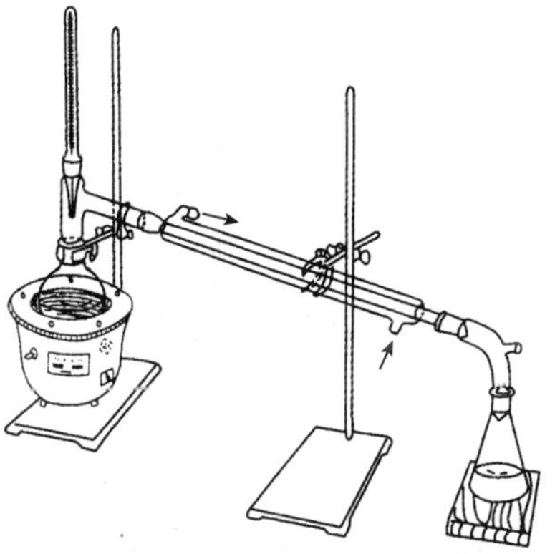

图 4-2 蒸馏装置

(2)蒸馏操作

①加料 量取 30 mL 乙醇加入圆底烧瓶中。加入 3~4 粒沸石。然后在蒸馏头上口塞上带有温度计的橡皮塞子。

②通冷凝水　往冷凝管缓缓通入冷水，注意冷凝水下进上出，把上口流出的水引入水槽中，直至水充满冷凝管。

③加热　打开电热套电源[①]，慢慢增高温度使液体平稳沸腾，记录第一滴馏出液滴入接收器时的温度。调整电热套的电压，使蒸馏速度以每秒钟 1～2 滴馏出液为宜。在蒸馏过程中，应使温度计水银球常挂有液滴，此时温度计的读数就是馏出液的沸点。收集所需温度范围的馏出液。

注意：如果维持原来加热程度，不再有馏出液蒸出，温度突然下降时，就应停止蒸馏，即使杂质量很少，也不能蒸干。否则，容易发生意外事故。

④蒸馏完毕，先停止加热，后停止通水，拆卸仪器，其程序和装配时相反，即按次序取下接收器、接液管、冷凝管和蒸馏烧瓶。

【数据记录和结果处理】

项目	工业酒精	自来水
第一滴时温度		
中段温度		

2. 微量法测定沸点

(1)准备微量沸点管　取一根内径 3～4 mm、长 7～8 cm 的玻璃管，用小火封闭其一端，作为沸点管的外管，放入欲测定沸点的样品 4～5 滴，在此管中放入一根长 8～9 cm、内径约 1 mm 的上端封闭的毛细管，即其开口处浸入样品中。

(2)测定沸点　把微量沸点管贴于温度计水银球旁，见图 4-3，并浸入液体中，加热，由于气体膨胀，内管中有断断续续的小气泡冒出来，到达样品的沸点时，将出现一连串的小气泡，此时应停止加热，使液浴的温度下降，气泡逸出的速度即渐渐地减慢，仔细观察，最后一个气泡出现而刚欲缩回到内管的瞬间即表示毛细管内液体的蒸气压与大气压平衡时的温度，亦就是此液体的沸点。

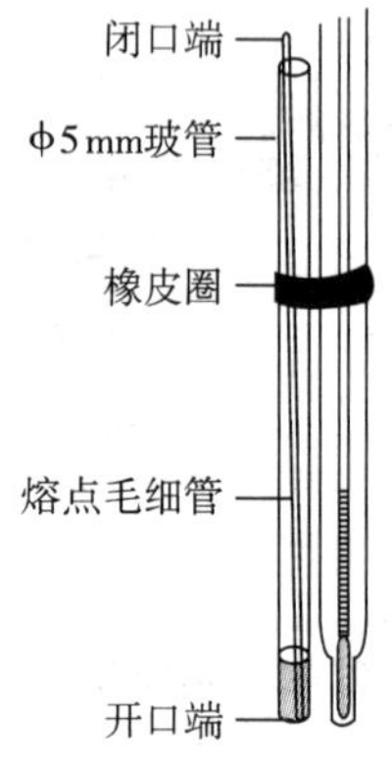

图 4-3　测定沸点装置

① 蒸馏易挥发和易燃的物质，不能用明火。否则易引起火灾，故要用热浴。

思考题

1. 在进行蒸馏操作时应注意哪些问题(从安全和效果两方面来考虑)?

2. 向冷凝管通水是由下而上,反过来效果怎样?

3. 用微量法测定沸点,把最后一个气泡刚欲缩回至内管的瞬间的温度作为该化合物的沸点,为什么?

技能训练七 农产品酸度的测定

【实训目标】

1. 了解直接电位法测定溶液 pH 的原理。

2. 学习畜产品乳、肉、蛋酸度的测定方法。

3. 掌握酸度计的使用方法。

【实训原理】

酸度是畜产品新鲜度的重要标志之一。畜产品的酸度常以总酸度和有效酸度来衡量。畜产品的总酸度常用酸碱滴定法来测定。畜产品的有效酸度可用 pH 试纸和电位法来测定。

鲜乳正常 pH 范围为 6.4～6.8。

成熟鲜肉的正常 pH 的止常范围是 5.8～6.2(1∶10 的水浸液)的 pH 来表示。

鲜蛋蛋黄 pH 的正常范围是 6.0～6.4,蛋白 pH 的正常范围是 8.5～9.0。全蛋液 pH 的正常范围是 7.0～7.2。

测定溶液 pH,一般用玻璃电极做指示电极,以饱和甘汞电极作参比电极,现常用复合电极与待测溶液组成工作电池。实验中用已知 pH 的标准缓冲溶液对酸度计进行校准(即定位),然后再把电极放入待测液中,测出待测液的 pH。

【仪器及试剂】

仪器:分析天平,酸度计,复合电极,100 mL 量筒,50 mL 和 250 mL 烧杯,漏斗,pH 试纸(精密)。

试剂:pH＝4.01 酸性标准缓冲溶液(邻苯二甲酸氢钾),pH＝6.86 的中性缓冲溶液(磷酸二氢钾、磷酸氢二钠),pH＝9.18 的碱性缓冲溶液(硼砂),肉,鸡蛋,牛乳,食醋,果汁、酱油。

【实训内容】

1.制备试液

(1)准确称取 10 g 均匀肉样于烧杯中,准确加入新煮沸并冷却过的蒸馏水 100 mL,搅拌 15 min,过滤清液于 50 mL 烧杯中备用。

(2)分别取一定试样:鸡蛋、牛乳、食醋、果汁、酱油于 50 mL 烧杯中。

2. pH 的测定

(1)启动仪器 安装电极,打开仪器开关,设定温度。

(2)校准仪器　用 pH=6.86 的标准缓冲溶液进行定位调试，测定酸性溶液时，用 pH=4.01 的标准缓冲溶液进行斜率调试，测定碱性溶液时用 pH=9.18 的标准缓冲溶液进行斜率调试。

(3)将电极洗净、吸干后浸入盛有待测液的小烧杯中，测定其 pH。

(4)测定结束后，关闭电源，取出电极，清洗干净，妥善保管。

【数据记录和结果处理】

温度____℃

项目	定位	斜率	待测试样 pH					
			肉样	鸡蛋	牛乳	食醋	酱油	果汁
酸性								
碱性								

思考题

1. 校准仪器时，应该采用哪种标准溶液定位？为什么？
2. 测定溶液的 pH，为什么要进行“温度补偿”和“斜率补偿”？

技能训练八　分光光度计的使用

【实训目标】

1. 了解可见分光光度法的原理。
2. 了解分光光度计的结构。
3. 学会分光光度计的使用方法。

【仪器及试剂】

7200 型分光光度计，10 mL 吸量管，0.100 0 g/L $KMnO_4$ 溶液。

【实训内容】

一、仪器调试

1. 打开仪器开关，预热 20 min。
2. 打开暗盒，将黑体放在第一挡，盖上盒盖，此时 $T=0\%$。

二、测试

1. 配制标准溶液

用 10 mL 吸量管分别取 0.100 0 g/L 的 $KMnO_4$ 溶液 0.00 mL，2.00 mL，4.00 mL，6.00 mL，8.00 mL，10.00 mL 于 6 只 50 mL 容量瓶中，加蒸馏水稀释至刻度，摇匀。

2. 测定吸光度 A

在分光光度计上用 1 cm 比色皿。以蒸馏水为参比溶液，在 460～580 nm 波长范围内每隔 10 nm 测定一次吸光度，在最大吸收波长附近，每隔 5 nm 测定一次吸光度。

(1)取 1 cm 比色皿加入蒸馏水，另一支加入 $KMnO_4$ 溶液。

(2)调零：在一定波长下，使黑体置于光路中，按调零键，使 $T=0\%$。

(3)调百：使参比溶液蒸馏水置于光路中，按 100%键，使 $T=100\%$。

(4)测吸光度：将仪器切换到吸光度位置，参比溶液蒸馏水的吸光度为零，$KMnO_4$ 溶液置于光路中读出吸光度 A。每改变一次波长，调零—调百—测吸光度 A。填入下表。

分光光度计型号：7200 型　　　　比色皿厚度：1 cm　　　年　月　日

波长 λ/nm									
吸光度 A									

3. 绘制吸收曲线

(1)以波长 λ 为横坐标，吸光度 A 为纵坐标绘制吸收曲线。

(2)根据吸收曲线，读出吸光度 A 最大处对应的波长 λ_{max}。

4. 绘制工作曲线

在 7200 型分光光度计上用 1 cm 比色皿。以蒸馏水为参比溶液，分别取 $KMnO_4$ 标准溶液为待测溶液，选择波长 λ_{max}(525 nm)测吸光度 A。填入下表。

项目	测定序号					
	1	2	3	4	5	6
浓度/($g \cdot L^{-1}$)						
吸光度 A						

(1)以浓度为横坐标，吸光度 A 为纵坐标绘制工作曲线。

(2)根据工作曲线测定待测液浓度。

测试完毕后，关上仪器，拔下电源；用蒸馏水冲洗比色皿(不能用刷子刷洗)，干燥后收藏于专用盒中。

思考题

1. 为什么用黑盒调零点？与光是否有关？
2. 比色皿光学面擦不干净对 T 值有何影响？
3. 盒盖不严对 A 有何影响？

模块五　化学基础实训项目

实验一　醋酸电离度和电离常数的测定

【实验目标】

1. 测定醋酸的电离度和电离常数。

2. 加深对弱电解质电离平衡的理解。

3. 进一步掌握酸度计的使用方法。

4. 进一步练习滴定的基本操作。

【实验原理】

醋酸(HAc)是弱电解质，在水溶液中存在着下列电离平衡：

$$HA \rightleftharpoons H^+ + A^-$$

$$K_a=\frac{[H^+][A^-]}{[HA]}=\frac{(c\alpha)^2}{c(1-\alpha)}=\frac{c\alpha^2}{1-\alpha}$$

若 K_a 很小，$\alpha \leqslant 5\%$时，可近似地认为 $1-\alpha \approx 1$，则上式简化为

$$K_a=c\alpha^2 \text{ 或 } \alpha=\sqrt{\frac{K_a}{c}}$$

醋酸溶液的总浓度 c 可以用标准 NaOH 溶液滴定测得。醋酸溶液中的$[H^-]$可以用酸度计(pH 计)测定溶液的 pH，根据公式 $pH=-\lg[H^+]$计算出来。从而可以求得醋酸在测定温度下电离常数和电离度 $\alpha=\frac{[H^+]}{c}\times 100\%$。

【仪器和试剂】

仪器：50 mL 碱式滴定管，25 mL 移液管，5 mL 吸量管，250 mL 锥形瓶，50 mL 容量瓶，50 mL 烧杯，pH 计。

试剂：0.1 $mol \cdot L^{-1}$ HAc 溶液，0.100 0 $mol \cdot L^{-1}$ NaOH 标准溶液，1%酚酞指示剂。

【实验步骤】

1. 醋酸溶液浓度的测定

用移液管吸取三份 25.00 mL 0.1 $mol \cdot L^{-1}$ HAc 溶液，分别置于 3 只 250 mL 锥形瓶中。各加 2～3 滴酚酞指示剂。分别用标准 NaOH 溶液滴定至溶液呈微红色，0.5 min 内不褪色为止。记下滴定消耗 NaOH 溶液的体积，计算醋酸溶液的浓度。

把滴定的数据和计算结果填入表 5-1。

2. 配制不同浓度的醋酸溶液

用移液管或吸量管取 2.50 mL、5.00 mL、25.00 mL 已测得准确浓度的 HAc 溶液，把它们分别放入 3 个 50 mL 容量瓶中。再用蒸馏水稀释至刻度，摇匀，并计算这 3 种 HAc 溶液的准确浓度。

3. 测定醋酸溶液的 pH，并计算醋酸的电离度和电离常数

把以上三种不同浓度的 HAc 溶液分别转入 3 只干燥的 50 mL 烧杯中，再取约 50 mL 已标定的 HAc 溶液置于第四只烧杯中，按由稀到浓的顺序在 pH 计上分别测定 4 种溶液的 pH。记录数据和室温，按表 5-2 计算电离度和电离常数。酸度计的使用方法见模块三第一节酸度计。

【数据记录和结果处理】

表 5-1 醋酸溶液浓度的测定

滴定序号		1	2	3
NaOH 溶液的浓度/($mol \cdot L^{-1}$)				
NaOH 溶液的用量/mL				
HAc 溶液的用量/mL				
HAc 溶液的浓度/($mol \cdot L^{-1}$)	测定值			
	平均值			

表 5-2 醋酸的电离度和电离常数 室内温度________

溶液编号	c/($mol \cdot L^{-1}$)	pH	$c(H^+)$/($mol \cdot L^{-1}$)	α	电离常数 K_a	
					测定值	平均值
1						
2						
3						
4						

思 考 题

1. 改变所测醋酸溶液的浓度或温度，其电离度和电离常数有无变化？若有变化，会有怎样的变化？

2. "电离度越大，酸度就越大。"这句话是否正确？为什么？

3. 若所用 HAc 溶液的浓度极稀，是否还能用 $K_i = \frac{c(H^+)^2}{c}$ 求电离常数？为什么？

4. 实验中[HAc]、[Ac^-]浓度是怎样测得的？要做好本实验，操作的关键是什么？

实验二 缓冲溶液的配制和性质

【实验目标】

1. 学习缓冲溶液的配制方法。

2. 加深对缓冲溶液性质的理解。

3. 练习吸量管的使用方法。

【实验原理】

能对抗外来少量强酸、强碱或适当稀释而保持 pH 基本不变的溶液叫缓冲溶液。缓冲溶液一般是由弱酸及其盐、弱碱及其盐、多元弱酸的酸式盐及其次级盐组成。缓冲溶液的 pH 可用下式计算：

$$pH=pK_a-\lg\frac{c_{酸}}{c_{盐}} \quad 或\ pOH=pK_b-\lg\frac{c_{碱}}{c_{盐}}$$

缓冲溶液的 pH 除主要决定于 pK_a(pK_b)外，还与盐和酸(或碱)的浓度比值有关。若配制缓冲溶液所用的盐和酸(或碱)的原始浓度相同均为 c，则：

$$pH=pK_a-\lg\frac{V_{酸}}{V_{盐}} \quad 或\ pOH=pK_b-\lg\frac{V_{碱}}{V_{盐}}$$

配制缓冲溶液时，只要按计算值量取盐和酸(或碱)溶液的体积，混合后即可得到一定 pH 的缓冲溶液。

【仪器和试剂】

仪器：10 mL 吸量管，50 mL 烧杯，试管，量筒等。

试剂：0.1 $mol\cdot L^{-1}$ HAc，0.1 $mol\cdot L^{-1}$ NaAc，0.1 $mol\cdot L^{-1}$ NaH_2PO_4，0.1 $mol\cdot L^{-1}$ Na_2HPO_4，0.1 $mol\cdot L^{-1}$ $NH_3\cdot H_2O$，0.1 $mol\cdot L^{-1}$ NH_4Cl，0.1 $mol\cdot L^{-1}$ HCl，0.1 $mol\cdot L^{-1}$ NaOH，2.0 $mol\cdot L^{-1}$ NaOH，pH=10 的 NaOH 溶液，pH=4 的 HCl 溶液，广泛 pH 试纸，精密 pH 试纸。

【实验步骤】

一、缓冲溶液的配制

甲、乙、丙三种缓冲溶液的组成如下表。配制三种缓冲溶液各 30 mL，计算所需各组分的体积，并填入表中。

缓冲溶液	pH	各组分的体积/mL		pH(实验值)
甲	4	0.1 $mol\cdot L^{-1}$ HAc		
		0.1 $mol\cdot L^{-1}$ NaAc		
乙	7	0.1 $mol\cdot L^{-1}$ NaH_2PO_4		
		0.1 $mol\cdot L^{-1}$ Na_2HPO_4		
丙	10	0.1 $mol\cdot L^{-1}$ $NH_3\cdot H_2O$		
		0.1 $mol\cdot L^{-1}$ NH_4Cl		

按照表中用量，配制甲、乙、丙三种缓冲溶液于已标号的 3 只小烧杯中。用精密 pH 试纸测定所配缓冲溶液的 pH，填入表中。试比较实验值与计算值是否相符(保留溶液，留作下面

实验用）。

二、缓冲溶液的性质

1. 缓冲溶液对强酸和强碱的缓冲能力

(1)在两支试管中各加入 3 mL 蒸馏水，用精密 pH 试纸测定其 pH，然后分别加入 3 滴 0.1 mol·L^{-1} HCl 和 0.1 mol·L^{-1} NaOH 溶液，再用精密 pH 试纸测其 pH。

(2)将实验(一)中配制的甲、乙、丙三种缓冲溶液依次各取 3 mL，每种取 2 份，共取 6 份，分别加入 3 滴 0.1 mol·L^{-1} HCl 和 0.1 mol·L^{-1} NaOH 溶液，用精密 pH 试纸测其 pH。

缓冲溶液	甲		乙		丙		蒸馏水	
pH	加酸	加碱	加酸	加碱	加酸	加碱	加酸	加碱

加入酸和碱后，同一缓冲溶液的 pH 有无变化？为什么？

2. 缓冲溶液对稀释的缓冲能力

在 4 支试管中，依次加入 1 mL pH＝4 的缓冲溶液、pH＝4 的 HCl 溶液、pH＝10 的缓冲溶液、pH＝10 的 NaOH 溶液，然后在各试管中加入 10 mL 蒸馏水，混合后用精密 pH 试纸测量其 pH，记录在下列表中，并解释实验现象。

试管号	溶液	稀释后的 pH
1	pH＝4 的缓冲溶液	
2	pH＝4 的 HCl 溶液	
3	pH＝10 的缓冲溶液	
4	pH＝10 的 NaOH 溶液	

三、缓冲容量

1. 缓冲容量与缓冲组分浓度的关系

取 2 支试管，用吸量管在一支试管中加 0.1 mol· L^{-1} HAc 和 0.1 mol·L^{-1} NaAc 溶液各3 mL，另一支试管中加 1 mol·L^{-1} HAc 和 1 mol·L^{-1} NaAc 溶液各 3 mL，摇动使之混合均匀。测两试管内溶液的 pH 是否相同？在两试管中分别滴加 2 滴甲基红指示剂，溶液什么颜色？然后在两试管中分别滴加 2 mol·L^{-1} NaOH(每加一滴均需要充分混合)直到溶液的颜色变成黄色。在下表中记录各管所加的滴数。解释所得的结果。

试管	缓冲溶液	pH	变黄色时 NaOH 溶液滴数
1	3 mL 0.1 mol·L^{-1} HAc＋3 mL 0.1 mol·L^{-1} NaAc		
2	3 mL 1.0 mol·L^{-1} HAc＋3 mL 1.0 mol·L^{-1} NaAc		

2. 缓冲容量与缓冲组分比值的关系

取 2 支试管，用吸量管在一支试管中加入 0.1 mol·L^{-1} Na_2HPO_4 和 0.1 mol·L^{-1} NaH_2PO_4 各 5 mL，另一支试管中加入 9 mL 0.1 mol·L^{-1} Na_2HPO_4 和 1 mL 0.1 mol·L^{-1} NaH_2PO_4，用精密 pH 试纸或 pH 计测定它们的 pH。然后，在每一试管加入 0.9 mL 0.1 mol·L^{-1}NaOH 溶液，再用精密 pH 试纸或 pH 计测定它们的 pH 记入下表。每一试管加入 NaOH 溶液前后两次的 pH 是否相同？为什么？

试管	缓冲溶液	pH	加入 NaOH 溶液后 pH
1	5 mL 0.1 mol·$L^{-1}$$Na_2HPO_4$+5 mL 0.1 mol·$L^{-1}$$NaH_2PO_4$		
2	1 mL 1.0 mol·$L^{-1}$$Na_2HPO_4$+9 mL 1.0 mol·$L^{-1}$$NaH_2PO_4$		

思考题

1. 缓冲溶液的 pH 由哪些因素决定？

2. 将 10 mL 0.2 mol·L^{-1} HAc 溶液和 10 mL 0.1 mol·L^{-1} NaOH 溶液混合后，此溶液是否具有缓冲能力？

3. 使用 pH 试纸检测溶液的 pH 时，应注意哪些问题？

实验三 萃取分离

【实验目标】

1. 学习分液漏斗的使用方法。

2. 了解萃取的原理及方法。

【实验原理】

萃取是分离提纯有机化合物的常用方法之一。应用萃取可以从液体混合物中提取所需要的物质，也可以用来洗去混合物中少量杂质。萃取就是利用物质在两种互不相溶溶剂中溶解度的不同而达到分离、提取或纯化目的的一种操作。

理论和实践都表明，用同一分量的溶剂，分多次用少量溶剂来萃取，其效率较高于一次用全量溶剂来萃取。

【仪器和药品】

仪器：分液漏斗，锥形瓶，移液管。

试剂：5%醋酸水溶液（冰醋酸：水体积比为 1：19），乙醚，0.2 mol·L^{-1}NaOH，1%酚酞指示剂。

【实验步骤】

1. 一次萃取法

(1)准备工作　按模块二第八节准备分液漏斗。

(2)萃取　用移液管准确量取 10 mL 5%乙酸水溶液，放入分液漏斗中，加入 30 mL 乙醚(禁火)。沿一个方向轻轻摇振分液漏斗，振摇几下后，将漏斗倒置(旋塞朝上)，小心打开旋塞排气(乙醚的沸点低易挥发)，重复操作 2～3 次。然后再用力振摇一段时间，使乙醚与醋酸水溶液两不相溶的液体充分接触，提高萃取率。

(3)静置分层　将分液漏斗置于铁圈上，当溶液分成两层后，小心旋开活塞，放出下层水溶液于 50 mL 锥形瓶内，加入 3～4 滴酚酞作指示剂，用 0.2 $mol \cdot L^{-1}$ NaOH 标准溶液滴定，记录用去氢氧化钠的毫升数。计算：①留在水中的醋酸量及百分率；②留在乙醚中的醋酸量及百分率。

2. 多次萃取法

准确量取 10 mL 5%乙酸水溶液于分液漏斗中，用 10 mL 乙醚如上法萃取，分去乙醚溶液。水溶液再用 10 mL 乙醚萃取，再分出乙醚溶液后，水溶液仍用 10 mL 乙醚萃取。如此前后共计 3 次。最后将用乙醚第三次萃取后的水溶液放入 50 mL 的锥形瓶内，加入 3～4 滴酚酞指示剂，用 0.2 $mol \cdot L^{-1}$ NaOH 溶液滴定，计算：①留在水中的醋酸量及百分率；②留在乙醚中的醋酸量及百分率。

根据上述两种不同步骤所得数据，比较萃取醋酸的效率。

思考题

1. 若用下列溶液萃取水溶液，它们将在上层还是下层？乙醚、氯仿、己烷、苯。
2. 使用分液漏斗的注意事项有哪些？

实验四　熔点的测定

【实验目标】

1. 了解熔点测定的意义。
2. 掌握毛细管法测定熔点的方法。

【实验原理】

每一种晶体有机化合物都具有一定的熔点。一个纯化合物从开始熔化(始熔)至完全熔化(全熔)的温度范围叫作熔点距，也叫熔点范围或熔程，一般不超过 0.5℃。当含有杂质时，会使其熔点下降，且熔点距也较宽。由于大多数有机化合物的熔点都在 300℃以下，较易测定，故利用测定熔点，可以估计出有机化合物的纯度。还可以鉴别不同的有机化合物。但对受热易分解的化合物即使纯度很高，也无确定的熔点，且熔距较宽。

【仪器和试剂】

仪器：提勒管(Thiele)，毛细管，温度计，酒精灯，40 cm 玻璃管，表面皿，玻棒等。

试剂：苯甲酸(AR)，尿素(AR)，甘油等。

【实验步骤】

1. 熔点管的准备

通常用内径约 1 mm、长 60～70 mm、一端封闭的毛细管作为熔点管。

2. 样品的填装

(1)磨细 取 0.1～0.2 g 样品，放在干净的表面皿上，用玻璃棒研成粉末，聚成小堆。

(2)装样 将毛细管的开口插入样品堆中，使样品挤入管内，把开口一端向上竖立，轻敲管子使样品落在管底。

(3)敦实 把装有样品的毛细管，通过一根(长约 40 cm)直立于表面皿上的玻璃管，自由地落下，重复几次，直至样品的高度约 2～3 mm 为止。

注意：操作要迅速，防止样品吸潮，装入的样品要结实，受热时才均匀，如果有空隙，不易传热，影响结果。

3. 安装装置

(1)将 Thiele 管(又叫 b 形管也叫熔点测定管，见图 5-1)固定在铁架台上，在提勒管中装入甘油于熔点测定管中，液面高出上侧管时即可。

(2)Thiele 管口配一缺口单孔橡皮塞，温度计插入孔中，刻度应向橡皮塞缺口。

(3)将毛细管中下部用甘油润湿后，将其紧附在温度计旁，样品部分应靠在温度计水银球的中部，并用橡皮圈将毛细管紧固在温度计上。

(4)温度计插入熔点测定管中的深度以水银球恰在熔点测定管的两侧管的中部。

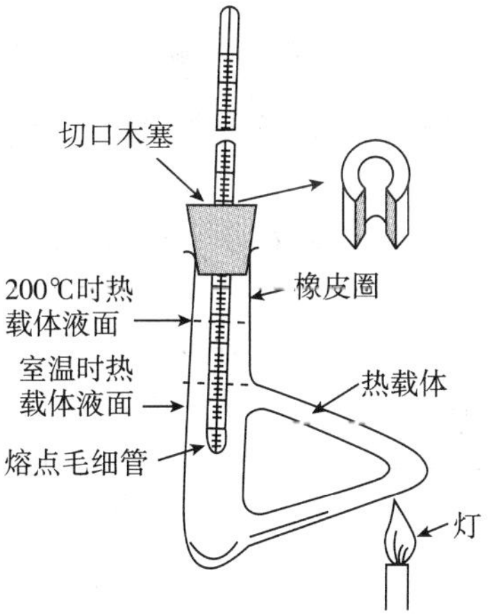

图 5-1 Thiele 管熔点测定装置

4. 加热测熔点

(1)粗测 当样品的熔点未知时应首先进行粗测，用酒精灯在侧管的底部加热(图 5-1)。先在快速加热下，测定化合物的大概熔点。

(2)精测

①粗测后样品的熔点大概已知后，停止加热，使热浴的温度下降大约样品熔点下 30℃时，更换一根样品管。

②慢慢地加热，控制升温速度约为5℃·min^{-1}，当热浴温度达到熔点下约15℃时，应立即减缓加热速度，使升温速度约1℃·min^{-1}。

③当接近熔点时，加热要更慢，使升温速度约0.2℃·min^{-1}，注意观察毛细管中样品的情况，当毛细管中样品开始蹋落和有湿润现象，出现小滴液体时，表示样品已开始熔化，为始熔，记下温度，继续微热至微量固体样品消失成为透明液体时，为全熔，即为该化合物的熔程。

例如，某一化合物在112℃时开始萎缩蹋落，113℃时有液滴出现，在114℃时全部成为透明液体，应记录为：熔点113～114℃，112℃蹋落(或萎缩)以及颜色的变化。

④实验完毕，把温度计放好，让其自然冷却至接近室温时用滤纸擦去甘油，才可用水冲洗。否则，容易发生水银柱断裂。热甘油待冷却后，方可倒回瓶中。

注意：熔点测定，至少要有两次重复的数据，每一次测定都必须用新的熔点管重新装样品，不能使用已测过熔点的样品管。

【数据记录和结果处理】

样品	测定序号	塌落/℃	初熔/℃	终熔/℃	熔程/℃	文献值/℃
苯甲酸(AR)	Ⅰ					
	Ⅱ					
尿素(AR)	Ⅰ					
	Ⅱ					

思考题

1. 如果没有把样品研磨很细，对装样有什么影响？测定的熔点数据可靠否？

2. 加热的快慢为什么会影响熔点？在什么情况下加热可以快一些，而在什么情况下加热则要慢一些？

3. 是否可以使用第一次测熔点时已经熔化了的有机化合物再作第二次测定呢？为什么？

实验五　苯甲酸的重结晶

【实验目标】

1. 学习重结晶法提纯固态有机化合物的原理和方法。

2. 掌握抽滤操作技术。

【实验原理】

固体物质的溶解度一般随着温度升高而增大。将固体物质溶解在热溶液中，制成饱和溶液，再将溶液冷却，重新析出结晶的过程叫重结晶。

苯甲酸俗称安息香酸，为白色晶体，熔点122℃。本实验利用其在水中的溶解度随温度变化差异较大的特点(如18℃时溶解度为0.27 g，100℃时溶解度为5.7 g)，将粗苯甲酸溶于沸水中并加活性炭脱色，不溶性杂质与活性炭保温过滤除去，可溶性杂质在溶液冷却后，苯甲酸结晶析出时留在母液中，从而达到提纯目的。

【仪器和试剂】

仪器：烧杯，玻璃漏斗，表面皿，布氏漏斗，滤纸，水泵，抽滤瓶，酒精灯，铁架台等。

试剂：苯甲酸，活性炭。

【实验步骤】

1. 热溶解

取 3 g 粗苯甲酸放于 250 mL 烧杯中，加入 60 mL 水，置于石棉网上加热至沸，并用玻棒不断搅动，使固体溶解，这时若有尚未完全溶解的固体，可继续加入少量热水，至完全溶解后，再多加 2～3 mL 水。

2. 脱色

移去热源，加 5 mL 冷水，稍冷后加入 0.1 g 活性炭，稍加搅拌后，继续加热微沸 5～10 min。

3. 过滤

用布氏漏斗抽滤(安装方法参见图 4-1)。

4. 结晶

滤毕，用表面皿将盛滤液的烧杯盖好，静置，冷却 10 min，再用冰-冷水浴冷却 15 min，以使结晶完全。

5. 减压过滤

结晶完成后，用布氏漏斗抽滤，使结晶与母液分离，并用玻塞挤压，使母液尽量除去。拔下抽滤瓶上的橡皮管(或打开安全瓶上的活塞)，停止抽气。加少量冷水至布氏漏斗中，使晶体润湿(可用刮刀使结晶松动)，然后重新抽干，如此重复 1～2 次。

6. 干燥

用刮刀将结晶移至表面皿上，摊开成薄层，置空气中晾干或在干燥器中干燥。

7. 计算

测定干燥后精制产物的熔点，并与粗产物熔点作比较，称重并计算收率。

思考题

1. 加热溶解待重结晶粗产品时，为何先加入比计算量(根据溶解度数据)略少的溶剂，然后渐渐添加至恰好溶解，最后再多加少量溶剂？

2. 用抽滤收集固体时，为什么在关闭水泵前，先要拆开水泵和抽滤瓶之间的联系？

3. 在布氏漏斗中用溶剂洗涤固体时应注意些什么？

实验六 HCl标准溶液的配制和标定

【实验目标】

1. 掌握 HCl 标准溶液的配制和标定方法。

2. 进一步掌握分析天平的使用。

3. 进一步掌握酸式滴定管的操作技术和甲基橙指示剂滴定终点的观察。

【实验原理】

由于浓盐酸溶液易挥发不稳定，只能用间接法配制标准溶液，即先配成近似浓度，然后用基准物质标定。通常用硼砂（$Na_2B_4O_7 \cdot 10H_2O$）或无水碳酸钠（Na_2CO_3）作基准试剂。

用无水 Na_2CO_3 标定 HCl 的反应如下：

$$Na_2CO_3 + 2HCl = 2NaCl + CO_2\uparrow + H_2O$$

化学计量点时 pH=3.89，可选用甲基橙作指示剂。滴定时应注意 CO_2 的影响，临近终点应剧烈摇动溶液或将溶液煮沸，以消除 CO_2 的影响。

按下式计算 HCl 溶液的浓度：

$$c(HCl) = \frac{m(Na_2CO_3)}{M\left(\frac{1}{2}Na_2CO_3\right)V(HCl)}$$

用硼砂标定 HCl 的反应如下：

$$Na_2B_4O_7 + 2HCl + 5H_2O = 4H_3BO_3 + 2NaCl$$

化学计量点时产物为 H_3BO_3（$K_{a,1} = 5.8\times10^{-10}$），溶液的 pH=5.1，可选用甲基红作指示剂。

按下式计算 HCl 溶液的浓度：

$$c(HCl) = \frac{m(Na_2B_4O_7 \cdot 10H_2O)}{M\left(\frac{1}{2}Na_2B_4O_7 \cdot 10H_2O\right)V(HCl)}$$

【仪器和试剂】

仪器：分析天平，称量瓶，酸式滴定管，250 mL 锥形瓶，10 mL 和 100 mL 量筒，100 mL 烧杯，500 mL 烧杯，500 mL 小口试剂瓶。

试剂：浓 HCl（AR，d=1.18～1.19），硼砂（$Na_2B_4O_7 \cdot 10H_2O$）（AR，s），0.2%甲基橙水溶液，0.2%甲基红 60%乙醇溶液。

【实验步骤】

1. 0.1 mol·L^{-1} HCl 溶液的配制

用 10 mL 量筒量取浓 HCl 2.5 mL，倒入 500 mL 烧杯中，用蒸馏水稀释至 300 mL，转移至 500 mL 试剂瓶中，摇匀，贴好标签。

溶液名称	
溶液浓度	
配制日期	
配制人员姓名	
班级	

2. HCl 溶液标定

准确称取 0.4～0.6 g（称准至 0.000 1 g）$Na_2B_4O_7\cdot 10H_2O$ 于 250 mL 锥形瓶中，加 30 mL去离子水使其溶解，加甲基红指示剂 1～2 滴，用待标定的 HCl 溶液滴定至溶液由黄色变橙色，半分钟内不褪色为终点，记录 HCl 溶液用量(mL)。平行测定 3 次。要求标定结果相对平均偏差小于 0.2%。

【数据记录和结果处理】

基准试剂名称________　　　　室内温度________

记录项目	序号		
	Ⅰ	Ⅱ	Ⅲ
基准试剂质量 m/g			
消耗 HCl 体积 V(HCl)/mL			
c(HCl)/(mol·L^{-1})			
$\bar{c}$ HCl/（mol·L^{-1}）			
相对平均偏差/%			

思 考 题

1. 为什么 HCl 标准溶液不能用直接法配制？
2. 基准物质称完后需加 30 mL 水溶解，水的体积是否要准确量取？为什么？

实验七　NaOH 标准溶液的配制和标定

【实验目标】

1. 掌握 NaOH 溶液的配制和标定方法。
2. 进一步掌握碱式滴定管的操作技术和酚酞指示剂滴定终点的观察。

3.进一步掌握分析天平的使用。

【实验原理】

固体 NaOH 具有很强的吸湿性,易吸收空气中的 CO_2 生成 Na_2CO_3,且含有少量硫酸盐、硅酸盐、氯化物等,因此采用间接法配制标准溶液。

常用于标定 NaOH 溶液的基准物质有邻苯二甲酸氢钾($KHC_8H_4O_4$)和草酸($H_2C_2O_4 \cdot 2H_2O$)等。

邻苯二甲酸氢钾标定 NaOH 的反应为:

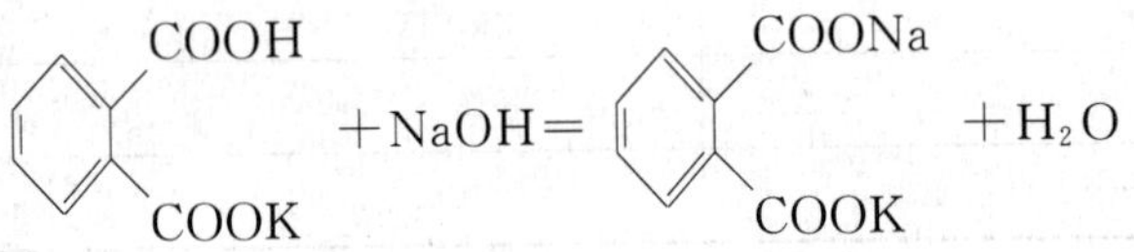

化学计量点 pH=9.05,可选用酚酞作指示剂。

按下式计算 NaOH 溶液的浓度:

$$c(NaOH)=\frac{m(KHC_8H_4O_4)}{M(KHC_8H_4O_4)V(NaOH)}$$

草酸标定 NaOH 溶液的反应如下:

$$H_2C_2O_4+2NaOH = Na_2C_2O_4+2H_2O$$

化学计量点时溶液的 pH 为 8.4,可选用酚酞作指示剂。

按下式计算 NaOH 溶液的浓度:

$$c(NaOH)=\frac{m(H_2C_2O_4 \cdot 2H_2O)}{M\left(\frac{1}{2}H_2C_2O_4 \cdot 2H_2O\right)V(NaOH)}$$

【仪器和试剂】

仪器:分析天平,称量瓶,碱式滴定管,250 mL 锥形瓶,10 mL 和 100 mL 量筒,100 mL 烧杯,250 mL 烧杯,500 mL 小口试剂瓶。

试剂:NaOH(AR,s),邻苯二甲酸氢钾(AR,s),0.2%酚酞乙醇溶液。

【实验步骤】

1.0.1 mol·L^{-1} NaOH 溶液的配制

用台秤上称取 1.2 g 固体 NaOH 放于 500 mL 烧杯中,加入 50 mL 煮沸冷却后的蒸馏水使之全部溶解,转移至 500 mL 试剂瓶中,再加 250 mL 煮沸后冷却的蒸馏水,用橡皮塞好瓶口摇匀,贴上标签备用。

溶液名称	
溶液浓度	
配制日期	
配制人员姓名	
班级	

2. NaOH 溶液标定

准确称取邻苯二甲酸氢钾 0.4～0.6 g(称准至 0.000 1 g)，置于 250 mL 锥形瓶中，加煮沸后冷却的 30 mL 蒸馏水溶解，加 1～2 滴酚酞指示剂，用配制的 NaOH 溶液滴定至溶液刚出现浅红色，半分钟不褪色为终点。记录 NaOH 溶液用量(mL)。平行测定 3 次。要求标定结果相对平均偏差小于 0.2%。

【数据记录和结果处理】

基准试剂名称________　　　　室内温度________

记录项目	序号		
	Ⅰ	Ⅱ	Ⅲ
基准试剂质量 m/g			
V(NaOH) /mL			
c(NaOH)/ (mol · L^{-1})			
$\bar{c}$(NaOH)/(mol · L^{-1})			
相对平均偏差/%			

根据下式计算 NaOII 溶液的浓度：

$$c(\mathrm{NaOH})=\frac{m(\mathrm{KHC_8H_4O_4})}{M(\mathrm{KHC_8H_4O_4})V(\mathrm{NaOH})}$$

思考题

1. NaOH 标准溶液能否采用直接法配制，为什么？
2. 为什么要用新煮沸的冷蒸馏水配制 NaOH 标准溶液？
3. 用邻苯二甲酸氢钾标定 NaOH 溶液时，为什么选用酚酞而不是甲基橙作指示剂？

实验八　食醋总酸度的测定

【实验目标】

1. 学习食醋总酸度测定的原理和方法。
2. 熟悉强碱滴定弱酸的反应原理及指示剂的选择。
3. 进一步掌握容量瓶、移液管的使用方法。

【实验原理】

食醋的主要成分是醋酸，此外还含有少量其他弱酸如乳酸等。以酚酞作指示剂，用 NaOH 标准溶液滴定，测定的是总酸度。其反应为

$$\mathrm{NaOH+HAc = NaAc+H_2O}$$

食醋的总酸度较大，且颜色较深，故应稀释后在滴定。另外，CO_2 的存在会干扰测定，故稀释食醋的蒸馏水应经过煮沸，以消除 CO_2 的影响。

【仪器和试剂】

仪器：分析天平，称量瓶，碱式滴定管，250 mL 锥形瓶，250 mL 容量瓶，50 mL 移液管，20 mL 移液管，500 mL 小口试剂瓶。

试剂：0.1 $mol \cdot L^{-1}$ NaOH 标准溶液，0.2%酚酞乙醇溶液，食醋(总酸度≥3.50 g/100 mL)。

【实验步骤】

准确吸取食醋试液 50.00 mL 于 250 mL 容量瓶中，以新煮沸的冷却蒸馏水稀释至刻度，摇匀。用移液管吸取 20.00 mL 稀释后的试液于 250 mL 锥形瓶中，加 1～2 滴酚酞指示剂，用 0.1 $mol \cdot L^{-1}$ NaOH 标准溶液滴定至溶液刚出现浅红色，半分钟不褪色为终点。记录 NaOH 溶液用量(mL)。平行测定 3 次。

【数据记录和结果处理】

记录项目	序号		
	Ⅰ	Ⅱ	Ⅲ
V (NaOH)/mL			
V(HAc)/mL			
ρ(HAc)/($g \cdot mL^{-1}$)			
$\bar{\rho}$(HAc)/($g \cdot mL^{-1}$)			
相对平均偏差/%			

根据下式计算的浓度：

$$\rho(HAc)=\frac{c(NaOH)\ V(NaOH)M(HAc)}{V_{食醋} \cdot \frac{50.00}{250.00}}$$

思 考 题

1. 强碱滴定弱酸与强碱滴定强酸相比，滴定过程中 pH 变化有哪些不同？

2. 用 NaOH 标准溶液测定食醋的总酸度时，选用酚酞作指示剂的依据是什么？能否采用甲基橙或甲基红？

3. 在测定过程中所用的蒸馏水不能含有 CO_2，为什么？NaOH 标准溶液能否含有 CO_2？为什么？

实验九 混合碱的测定(双指示剂法)

【实验目标】

1. 学会用双指示剂法测定混合碱的原理和方法。

2. 掌握双指示剂法终点的观察。

【实验原理】

混合碱是 Na_2CO_3 与 NaOH 或 $NaHCO_3$ 与 Na_2CO_3 的混合物。可采用双指示剂法进行测定。双指示剂法就是利用两种指示剂在不同的化学计量点时颜色的变化,得到两个终点,由两个终点时所消耗的酸标准溶液的体积,计算各种碱的含量及总量。

用 HCl 标准溶液滴定混合碱溶液时,先加入酚酞指示剂,第一化学计量点时消耗 HCl 的体积为 V_1,发生下列反应:

$$NaOH + HCl = NaCl + H_2O$$

$$Na_2CO_3 + HCl = NaCl + NaHCO_3$$

终点颜色由红色变为无色。

然后加入甲基橙指示剂,继续用 HCl 标准溶液滴定,达到第二化学计量点时 HCl 溶液的消耗体积为 V_2,这时发生如下反应:

$$NaHCO_3 + HCl = NaCl + H_2CO_3$$

终点颜色由黄色变为橙色。

若 $V_1 > V_2$,试样为 Na_2CO_3 和 NaOH 的混合物。滴定 Na_2CO_3 所消耗 HCl 标准溶液的体积应为 $2V_2$;而滴定 NaOH 时所消耗的 HCl 标准溶液的体积应为 $V_1 - V_2$,根据 HCl 标准的浓度及体积计算混合碱中 Na_2CO_3 和 NaOH 的含量。

若 $V_1 < V_2$,试样为 Na_2CO_3 和 $NaHCO_3$ 的混合物。滴定 Na_2CO_3 所消耗 HCl 标准溶液的体积应为 $2V_1$;滴定 $NaHCO_3$ 时所消耗的 HCl 标准溶液的体积应为 $V_2 - V_1$,根据 HCl 标准的浓度及体积计算混合碱中 Na_2CO_3 和 $NaHCO_3$ 的含量。

【仪器和试剂】

仪器:分析天平,称量瓶,酸式滴定管,250 mL 锥形瓶,250 mL 容量瓶,25 mL 移液管,500 mL 小口试剂瓶。

试剂:0.1 $mol \cdot L^{-1}$ HCl 标准溶液,0.2%酚酞乙醇溶液,0.2%甲基橙溶液,混合碱试样。

【实验步骤】

(1)准确称取约 2 g 试样于 100 mL 烧杯中,加少量去离子水并加热使其溶解。待溶液冷却后,定量转移至 250 mL 容量瓶中定容,充分摇匀。

(2)移取 25.00 mL 上述溶液于锥形瓶中,加入 2 滴酚酞指示剂。用 HCl 标准溶液滴定到溶液红色刚好消失为终点。记录所消耗 HCl 标准溶液的体积 V_1。

(3)在上述滴定液中加 2 滴甲基橙指示剂，继续用 HCl 标准溶液滴定至黄色变为橙色。接近化学计量点时应剧烈摇动溶液，以免形成 CO_2 过饱和溶液而使终点提前。记录消耗 HCl 溶液的体积 V_2。平行测定 3 次。判断混合碱的成分并计算混合碱样中各组分含量。

【数据记录和结果处理】

$c(HCl)/(mol \cdot L^{-1})=$ ________

$m_{试样}$/g	测定次数	HCl/ mL		$\omega(Na_2CO_3)$/%	$\omega(NaOH)$/%	$\omega(NaHCO_3)$/%
		V_1	V_2			
	Ⅰ					
	Ⅱ					
	Ⅲ					
相对平均偏差						

若混合碱由 NaOH 和 Na_2CO_3 组成，按下式计算其质量分数：

$$\omega(Na_2CO_3)=\frac{c(HCl)2V_2M\left(\frac{1}{2}Na_2CO_3\right)}{m_{样}}\times 100\%$$

$$\omega(NaOH)=\frac{c(HCl)(V_1-V_2)M(NaOH)}{m_{样}}\times 100\%$$

若混合碱由 Na_2CO_3 和 $NaHCO_3$ 组成，按下式计算其质量分数：

$$\omega(Na_2CO_3)=\frac{c(HCl)2V_1M\left(\frac{1}{2}Na_2CO_3\right)}{m_{样}}\times 100\%$$

$$\omega(NaHCO_3)=\frac{c(HCl)(V_2-V_1)M(NaHCO_3)}{m_{样}}\times 100\%$$

思考题

1. 欲测定混合碱中总碱度，应选用何种指示剂？

2. 测定混合碱接近第一化学计量点时，若滴定速度太快，摇动锥形瓶不够，致使滴定液 HCl 局部过浓，会对测定造成什么影响？为什么？

实验十 过氧化氢含量的测定($KMnO_4$ 法)

【实验目标】

1. 学习 $KMnO_4$ 标准溶液的配制与标定。
2. 掌握用高锰酸钾法测定过氧化氢的原理和方法。

【实验原理】

市售 $KMnO_4$ 常含有少量 MnO_2 和其他杂质，此外，$KMnO_4$ 氧化能力强，易和水中的微量还原性物质发生缓慢作用，且 $KMnO_4$ 溶液自身易分解，因此，$KMnO_4$ 标准溶液必须用间接法配制。然后再用基准物质进行标定。

标定 $KMnO_4$ 最常用的基准物质是草酸钠。在酸性溶液中，$KMnO_4$ 与 $Na_2C_2O_4$ 的反应式如下：

$$2MnO_4^- + 5C_2O_4^{2-} + 16H^+ = 2Mn^{2-} + 8H_2O + 10CO_2\uparrow$$

该反应进行得很慢，必须将溶液加热加快反应速度。但 $KMnO_4$ 溶液必须逐滴加入，以免 $KMnO_4$ 在热溶液中分解。根据微过量的 $KMnO_4$ 本身的紫红色而指示终点。

H_2O_2 是医药上的消毒剂，在强酸性溶液中很容易被 $KMnO_4$ 定量氧化，反应式如下：

$$2MnO_4^- + 5H_2O_2 + 6H^+ = 2Mn^{2+} + 5O_2\uparrow + 8H_2O$$

开始反应时速率较慢，但生成的 Mn^{2+}（也可在溶液中加入 $MnSO_4$）对反应有催化作用，随着反应的进行，反应速率逐渐加快。当滴定至溶液呈粉红色即为终点。

【仪器和试剂】

仪器：500 mL 烧杯，台秤，玻璃棒，500 mL 棕色试剂瓶，G_4 玻璃漏斗，表面皿，250 mL 锥形瓶、洗瓶，分析天平，50 mL 酸式滴定管，称量瓶，50 mL 量筒，1 mL 吸量管，250 mL 容量瓶，25 mL 移液管。

试剂：$KMnO_4$（AR，s），$Na_2C_2O_4$（AR，s），3 mol·L^{-1} H_2SO_4，H_2O_2 试液（质量分数约 30%），1 mol·L^{-1} $MnSO_4$。

【实验步骤】

1. $KMnO_4$ 标准溶液的配制与标定

(1) $c\left(\frac{1}{5}KMnO_4\right)=0.1$ mol·L^{-1} $KMnO_4$ 标准溶液的配制　称取 1.6 g$KMnO_4$ 于洁净 500 mL烧杯中，加蒸馏水 500 mL，缓慢煮沸 15 min，冷却，贮存棕色瓶中，于暗处保存 2 周。用 G_4 号玻璃漏斗过滤备用。

(2) $c\left(\frac{1}{5}KMnO_4\right)=0.1$ mol·L^{-1} $KMnO_4$ 标准溶液的标定　准确称取在 110℃烘干过的 $Na_2C_2O_4$ 0.15～0.20 g 于 250 mL 锥形瓶中加蒸馏水 50 mL 和 3 mol·L^{-1} H_2SO_4 20 mL，加热至 75～85℃（瓶口开始冒蒸气时的温度），趁热用 $KMnO_4$ 溶液滴定。开始反应速率很慢，加入 1 滴 $KMnO_4$ 溶液，摇动锥形瓶，使 $KMnO_4$ 的颜色褪去后再继续滴定。由于生成的 Mn^{2+} 对滴定反应有催化作用，滴定速率逐渐加快，但滴定时仍然必须逐滴加入，直到溶液呈微红色且半分钟内不褪色为终点，终点时溶液的温度不应低于 60℃。记录所消耗 $KMnO_4$ 溶液的体积，平行测定 3 次。

2. H_2O_2 含量的测定

用吸量管准确移取 1.00 mL 30% H_2O_2 试液于 250 mL 容量瓶中，加水稀释至刻度，摇匀。吸取稀释液 25.00 mL 于锥形瓶中，加 3 mol·L^{-1} H_2SO_4 25 mL 及 1 mol·L^{-1} $MnSO_4$

2～3 滴，然后用 $KMnO_4$ 标准溶液滴定（开始宜慢），直到出现浅红色且 0.5 min 不消失即为终点。

平行测定 3 次，所用体积相差不得超过 0.04 mL。

【数据记录和结果处理】

1. $KMnO_4$ 标准溶液的浓度可按下式计算

$$c\left(\frac{1}{5}KMnO_4\right)=\frac{m(Na_2C_2O_4)}{M\left(\frac{1}{2}Na_2C_2O_4\right)V(KMnO_4)}$$

2. H_2O_2 含量可按下式计算

$$\rho(H_2O_2)=\frac{c\left(\frac{1}{5}KMnO_4\right)V(KMnO_4)M\left(\frac{1}{2}H_2O_2\right)}{1.00\times\frac{25.00}{250.00}}$$

思考题

1. 装过 $KMnO_4$ 溶液的容器，其壁上常有不易洗去的棕色物质，它是什么？怎样洗涤？

2. 用 $Na_2C_2O_4$ 作基准物质标定 $KMnO_4$ 溶液时，应用何种酸控制酸度？为什么？酸度过高或过低有无影响？为什么溶液温度控制在 75～85℃才能滴定？

3. $KMnO_4$ 标准溶液为什么不能用直接法配制？如何配制？怎样保存？

4. 用 $KMnO_4$ 法测定 H_2O_2 含量时，为什么要在 H_2SO_4 介质中进行？能否用 HCl 或 HNO_3 代替，为什么？

5. 约 30%H_2O_2 试液为什么要稀释后测定？

实验十一　碘和硫代硫酸钠溶液的配制与标定

【实验目标】

1. 掌握 I_2 和 $Na_2S_2O_3$ 标准溶液的配制方法。

2. 掌握标定 I_2 和 $Na_2S_2O_3$ 溶液浓度的原理和方法。

【实验原理】

市售的碘和硫代硫酸钠固体都含有杂质，且碘液易挥发；硫代硫酸钠在空气中易潮解和风化，所以只能用间接法配制其标准溶液。

标定 $Na_2S_2O_3$ 溶液常用的基准物质是 $K_2Cr_2O_7$。在弱酸性条件下，$K_2Cr_2O_7$ 与过量的 KI 发生如下反应：

$$Cr_2O_7^{2-}+6I^-+14H^+=2Cr^{3+}+3I_2+7H_2O$$

然后以淀粉为指示剂，用 $Na_2S_2O_3$ 溶液滴定生成的 I_2：

$$I_2 + 2S_2O_3^{2-} = 2I^- + S_4O_6^{2-}$$

$$c(Na_2S_2O_3) = \frac{6m(K_2Cr_2O_7)}{M(K_2Cr_2O_7) \times V(Na_2S_2O_3)}$$

再用 $Na_2S_2O_3$ 标准溶液标定 I_2 溶液。

【仪器和试剂】

仪器：台秤，50 mL 碱式滴定管，250 mL 锥形瓶，250 mL 碘量瓶，250 mL 烧杯，500 mL 棕色细口试剂瓶，25 mL 移液管，100 mL 量筒等。

试剂：$K_2Cr_2O_7$(GR)，$Na_2S_2O_3 \cdot 5H_2O$(AR)，KI(s)，I_2(AR)，Na_2CO_3(s)，2 mol·L^{-1} HCl，0.5%淀粉溶液。

【实验步骤】

1. I_2 和 $Na_2S_2O_3$ 标准溶液的配制

(1) $Na_2S_2O_3$ 标准溶液的配制　用台秤称取 6.2 g $Na_2S_2O_3 \cdot 5H_2O$ 置于 250 mL 烧杯中，加入适量刚煮沸并已冷却的蒸馏水使其溶解，再加入约 0.05 g Na_2CO_3 稀释至 250 mL，混合均匀，倒入棕色细口试剂瓶中，于暗处放置 1～2 周后标定。

(2) I_2 溶液的配制　用台秤称取 3.2 g 已研细的 I_2 转入 250 mL 烧杯中，加 6 g KI，加适量蒸馏水搅拌使 I_2 全部溶解，加蒸馏水稀释至 250 mL，混合均匀，贮存于棕色细口试剂瓶中，并置于暗处，待标定。

2. $Na_2S_2O_3$ 标准溶液浓度标定

精确称取 0.10～0.13 g 基准物质 $K_2Cr_2O_7$ 于 250 mL 碘量瓶中，加入 10～15 mL 蒸馏水使溶解，然后加入 2 g KI、10 mL 2 mol·L^{-1} HCl 溶液，盖上瓶塞，充分摇动使溶解且混合均匀，然后置于暗处放置 5 min。取出，加 50 mL 蒸馏水稀释，立即用待标定的 $Na_2S_2O_3$ 溶液滴定，接近终点时(溶液为浅黄绿色)，加入 2 mL 0.5%淀粉指示剂，继续滴定至溶液由蓝色变为亮绿色(Cr^{3+})即为终点。平行测定 3 次。

3. I_2 标准溶液浓度标定

用移液管吸取 25.00 mL I_2 溶液于锥形瓶中，加 50 mL 蒸馏水，立即用 $Na_2S_2O_3$ 标准溶液滴定至浅黄色时，加入 2 mL 0.5%淀粉指示剂，继续用 $Na_2S_2O_3$ 标准溶液滴定至蓝色消失即为终点。平行测定 3 次。

【数据记录和结果处理】

1. $Na_2S_2O_3$ 标准溶液浓度标定

序号	$m(K_2Cr_2O_7)$/g	$V(Na_2S_2O_3)$/mL	$c(Na_2S_2O_3)$/(mol·L^{-1})	$\bar{c}(Na_2S_2O_3)$/(mol·L^{-1})
Ⅰ				
Ⅱ				
Ⅲ				
相对平均偏差				

计算公式：$c(Na_2S_2O_3) = \dfrac{6m(K_2Cr_2O_7)}{M(K_2Cr_2O_7) \times V(Na_2S_2O_3)}$

2. I_2 标准溶液浓度标定

序号	$V(I_2)/mL$	$V(Na_2S_2O_3)/mL$	$\bar{V}(Na_2S_2O_3)/mL$	$c\ (I_2)/\ mol \cdot L^{-1}$	$\bar{c}\ (I_2)\ mol \cdot L^{-1}$
Ⅰ					
Ⅱ					
Ⅲ					
相对平均偏差					

计算公式：$(cI_2)=\dfrac{c(Na_2S_2O_3)V(Na_2S_2O_3)}{2V(I_2)}$

思考题

1. 配制 I_2 溶液时为什么要加入 KI？

2. 配制 $Na_2S_2O_3$ 溶液时，为什么要用刚煮沸并已冷却的蒸馏水？加 Na_2CO_3 有何作用？

3. 标定 $Na_2S_2O_3$ 溶液浓度时，加入 KI 的量要很精确么？当 I_2 析出后，为什么要加入 50 mL 水稀释？

4. 用 $Na_2S_2O_3$ 溶液滴定 I_2 溶液时，为什么要先滴定至浅黄色后再加淀粉指示剂？若反过来用 I_2 溶液滴定 $Na_2S_2O_3$ 溶液，情况又如何？两者终点颜色变化有何不同？

实验十二　葡萄糖含量的测定(碘量法)

【实验目标】

1. 掌握间接碘量法测定葡萄糖含量的原理和操作方法。

2. 了解间接碘量法的实际应用。

【实验原理】

碘与 NaOH 作用可生成次碘酸钠(NaIO)，葡萄糖($C_6H_{12}O_6$)能定量地被次碘酸钠氧化为葡萄糖酸($C_6H_{12}O_7$)。在酸性条件下，未反应的 NaIO 转变为 I_2 析出，然后以淀粉为指示剂用 $Na_2S_2O_3$ 标准溶液滴定析出的 I_2，即可计算出葡萄糖的含量。有关反应式如下：

(1) I_2 与 2NaOH 作用　$I_2+2NaOH = NaIO+NaI+H_2O$

(2) 葡萄糖和 NaIO 定量反应　$C_6H_{12}O_6+NaIO = C_6H_{12}O_7+NaI$

(3) 剩余的 NaIO 在碱性条件下发生歧化反应　$3NaIO = NaIO_3+2NaI$

(4) 溶液酸化后析出 I_2　$NaIO_3+5NaI+3H_2SO_4 = 3I_2+3Na_2SO_4+3H_2O$

(5) 析出的 I_2 用 $Na_2S_2O_3$ 标准溶液滴定　$I_2+2S_2O_3^{2-} = 2I^-+S_4O_6^{2-}$

由以上反应式可以看出

$$n(C_6H_{12}O_6) = n(I_2)-\frac{1}{2}n(Na_2S_2O_3)$$

由 I_2 及 $Na_2S_2O_3$ 的用量便可求出葡萄糖的含量。

【仪器和试剂】

仪器：50 mL 碱式滴定管，250 mL 碘量瓶，25 mL 移液管，10 mL 量筒等。

试剂：I_2 及标准溶液，$Na_2S_2O_3$ 标准溶液，2 mol·L^{-1} NaOH，6 mol·L^{-1} HCl，0.5%淀粉溶液，5%葡萄糖注射液(稀释 100 倍)。

【实验步骤】

用移液管吸取 25.00 mL 待测葡萄糖溶液于碘量瓶中，准确加入 25.00 mL I_2 标准溶液，一边摇动，一边慢慢滴加 2 mol·L^{-1} NaOH 溶液(加碱的速度不能过快，否则生成的 NaIO 来不及氧化葡萄糖)，直到溶液呈浅黄色，加塞并置于暗处放 10～15 min，然后加入 2 mL 6 mol·L^{-1} HCl 溶液使呈酸性，立即用 $Na_2S_2O_3$ 标准溶液滴定至浅黄色时，加 2 mL 0.5%淀粉指示剂，继续用 $Na_2S_2O_3$ 标准溶液滴定至蓝色恰好消失即为终点。记录所消耗 $Na_2S_2O_3$ 标准溶液的体积。平行测定 3 次。

【数据记录和结果处理】

序号	$V(I_2)$/mL	$V_样$/mL	$V(Na_2S_2O_3)$/mL	葡萄糖含量/(g·L^{-1})	葡萄糖含量平均值/(g·L^{-1})
Ⅰ	25.00	25.00			
Ⅱ	25.00	25.00			
Ⅲ	25.00	25.00			
相对平均偏差					

葡萄糖含量/(g·L^{-1})的计算公式：

$$\rho(C_6H_{12}O_6)=\frac{\left[c(I_2)V(I_2)-\frac{1}{2}c(Na_2S_2O_3)V(Na_2S_2O_3)\right]\times M(C_6H_{12}O_6)}{V_样}\times 100$$

思 考 题

1. 实验过程中，加 NaOH 溶液一定要慢慢滴加，为什么？加快了对实验结果有何影响？
2. 本实验中加酸的意义何在？
3. 本实验误差来源有哪些？如何避免？
4. 为什么碘量法既可测定还原性物质的含量，又可测定氧化性物质的含量？

实验十三 水中钙、镁含量的测定

【实验目标】

1. 了解水的硬度测定方法和常用的硬度表示方法。
2. 掌握 EDTA 标准溶液的配制和标定方法。
3. 掌握 EDTA 法测定水硬度的原理。

4. 掌握铬黑 T 和钙指示剂的使用条件和终点变化。

【实验原理】

水的总硬度指水中 Ca^{2+}、Mg^{2+} 的含量，工农业用水，饮用水对硬度都有一定要求，国家标准规定饮用水硬度以 $CaCO_3$ 计不能超过 450 mg·L^{-1}。

测定水中 Ca^{2+}、Mg^{2+} 总量时，用氨性缓冲溶液控制水样在 pH＝10，以铬黑 T 为指示剂，然后用 EDTA 滴定至溶液由酒红色变为纯蓝色，即为滴定终点。根据 EDTA 标准溶液的浓度和用量，可计算出水中 Ca^{2+}、Mg^{2-} 的总量。

在 pH＝12 的溶液中，将 Mg^{2+} 沉淀为 $Mg(OH)_2$ 后，以钙红为指示剂，用 EDTA 滴定至溶液由酒红色变为纯蓝色，即为滴定终点。根据 EDTA 标准溶液的浓度和用量，可计算出水中 Ca^{2+} 含量。

如水中含有 Fe^{3-}，Al^{3+} 等微量元素，为避免其对指示剂产生封闭作用，可用三乙醇胺掩蔽。

【仪器和试剂】

仪器：250 mL 和 500 mL 烧杯，250 mL 容量瓶，10 mL 量筒，250 mL 锥形瓶，25 mL 和 50 mL 移液管，50 mL 酸式滴定管。

试剂：乙二胺四乙酸二钠（$Na_2H_2Y \cdot 2H_2O$）(s，AR)，$CaCO_3$（120℃ 干燥 2 h），(1∶1) HCl，(1∶1) 氨水，NH_3-NH_4Cl 缓冲溶液（pH＝10），10% NaOH 溶液，铬黑 T 指示剂（铬黑 T∶NaCl＝1∶100，研细），钙红指示剂（钙红∶NaCl＝1∶100，研细）。

【实验步骤】

1. EDTA 溶液的配制和标定

(1)0.01 mol·L^{-1} EDTA 溶液的配制　称取 1.9 g $Na_2H_2Y \cdot 2H_2O$ 置于烧杯中，加 200 mL 蒸馏水，微热并搅拌使其完全溶解，冷却后转入细口瓶中，稀释至 500 mL 摇匀。长期放置时，应贮存于聚乙烯瓶中。

(2)EDTA 溶液浓度的标定　准确称取基准 ZnO 0.2 g 左右置于烧杯中，加少量水润湿，滴加(1∶1)盐酸至 ZnO 溶解，再定量移入 250 mL 容量瓶中定容。

用移液管准确移取 25.00 mL Zn^{2+} 标准溶液于 250 mL 锥形瓶中，滴加(1∶1)氨水至溶液出现混浊（$Zn(OH)_2$ 沉淀），加入 10 mL NH_3-NH_4Cl 缓冲溶液，加少量铬黑 T 指示剂，用 EDTA 溶液滴定至溶液由酒红色变为纯蓝色即为终点。平行测定 3 次，计算 EDTA 溶液的准确浓度。

2. 水的总硬度测定

用移液管吸取自来水样 50.00 mL 于锥形瓶中，加 5 mL NH_3-NH_4Cl 缓冲溶液，再加少量铬黑 T 至溶液呈酒红色，立即用 EDTA 标准溶液滴定。近终点时要慢滴多摇，溶液由酒红色变为纯蓝色为终点。平行测定 3 次，所用 EDTA 标准溶液体积相差不得超过 0.04 mL。

3. Ca^{2+} 含量测定

用移液管吸取自来水样 50.00 mL 于锥形瓶中，加入 5 mL 10%NaOH 溶液和适量（约 0.01 g）钙红指示剂，用 EDTA 标准溶液滴定，注意慢滴并用力摇动，溶液由酒红色变至纯蓝色为终点。平行测定 3 次。所用 EDTA 标准溶液体积相差不得超过 0.04 mL。

【数据记录和结果处理】

1. EDTA 溶液的标定

记录项目	序号		
	Ⅰ	Ⅱ	Ⅲ
m (ZnO) /g			
c(ZnO)/(mol·L^{-1})			
V(EDTA)/mL			
c(EDTA)/(mol·L^{-1})			
$\bar{c}$(EDTA)/(mol·L^{-1})			
相对平均偏差/%			

$$c(\mathrm{EDTA})=\frac{m(\mathrm{ZnO})\times\frac{25.00}{250.00}}{V(\mathrm{EDTA})M(\mathrm{ZnO})}$$

2. 水的硬度的测定

记录项目	序号			
	Ⅰ	Ⅱ	Ⅲ	平均
水样 V/mL				
EDTA V_1/mL				
EDTA V_2/mL				
$c(Ca^{2+})$/(mg·L^{-1})				
$c(Mg^{2+})$/(mg·L^{-1})				
总硬度/(mg·L^{-1})				
相对平均偏差/%				

$$\text{水的总硬度}(\mathrm{mg\cdot L^{-1}})=\frac{c(\mathrm{EDTA})V_1M(\mathrm{CaCO_3})}{V_{\text{水样}}\times10^{-3}}$$

$$c(\mathrm{Ca^{2+}})(\mathrm{mg\cdot L^{-1}})=\frac{c(\mathrm{EDTA})V_2M(\mathrm{Ca^{2+}})}{V_{\text{水样}}\times10^{-3}}$$

$$c(\mathrm{Mg^{2+}})(\mathrm{mg\cdot L^{-1}})=\frac{c(\mathrm{EDTA})(V_1-V_2)M(\mathrm{Mg^{2+}})}{V_{\text{水样}}\times10^{-3}}$$

思考题

1. 为什么测定水的总硬度时要加入 NH_3-NH_4Cl 缓冲溶液？操作中应注意些什么？

2. 为什么实验中选用 EDTA 二钠盐作为滴定剂而不是 EDTA 酸？

3. 为什么采用固体指示剂？

3. 用 EDTA 法，哪些离子的存在有干扰？如何消除？

实验十四　生理盐水中氯化钠含量的测定

【实验目标】

1. 学习银量法测定氯离子的原理和方法。

2. 掌握莫尔法的实际应用。

3. 掌握空白实验的方法及意义。

【实验原理】

某些可溶性氯化物中氯含量的测定，常用莫尔法。此法是在中性或弱碱性溶液中，以 K_2CrO_4 作指示剂，$AgNO_3$ 为标准溶液进行滴定。由于溶液中 Cl^- 浓度远远大于 CrO_4^{2-} 浓度，并且 AgCl 的溶解度小于 Ag_2CrO_4 的溶解度，在滴定过程中首先析出 AgCl 沉淀，终点时生成砖红色 Ag_2CrO_4 沉淀(氯化银白色沉淀中混有很少量砖红色铬酸银沉淀，使溶液呈现暗橙色)。其反应如下：

$$\text{终点前}\ Ag^+ + Cl^- \rightleftharpoons AgCl\downarrow\ (\text{白色})$$

$$K_{sp,AgCl} = 1.8\times10^{-10}$$

$$S = 1.34\times10^{-5}\ mol\cdot L^{-1}$$

$$\text{终点时}\ 2Ag^+ + CrO_4^{2-} \rightleftharpoons Ag_2CrO_4\downarrow\ (\text{砖红色})$$

$$K_{sp,Ag_2CrO_4} = 1.1\times10^{-12}$$

$$S = 6.6\times10^{-5}\ mol\cdot L^{-1}$$

【仪器和试剂】

仪器：分析天平，坩埚，250 mL 锥形瓶，25 mL 移液管，50 mL 酸式滴定管。

试剂：$AgNO_3$(AR,s)，NaCl(AR,s)，5%K_2CrO_4，生理盐水。

【实验步骤】

1. 0.05 $mol\cdot L^{-1}$ $AgNO_3$ 标准溶液的配制和标定

(1)0.05 $mol\cdot L^{-1}$ $AgNO_3$ 标准溶液的配制　称取 8.5 g $AgNO_3$，用不含 Cl^- 的蒸馏水溶解后稀释至 1 000 mL，摇匀。溶液贮存于棕色试剂瓶中。

(2)0.05 $mol\cdot L^{-1}$ $AgNO_3$ 标准溶液的标定　准确称取 500～600℃高温炉灼烧至恒重的基准试剂 NaCl 0.08 g 左右于 250 mL 锥形瓶中，加 50 mL 蒸馏水使其溶解，加入 1.00 mL 5%K_2CrO_4 指示剂，在充分摇动下，用 $AgNO_3$ 溶液滴定至白色沉淀中变为橙色即为终点。记录 $AgNO_3$ 溶液的用量，计算 $AgNO_3$ 溶液的浓度。平行测定 3 次。同时做空白实验。

2. 测定生理盐水中 NaCl 的含量

将生理盐水稀释 4 倍后，用移液准确移取已稀释的生理盐水 25.00 mL 置于锥形瓶中，加入 1.00 mL 5%K_2CrO_4 指示剂，用 $AgNO_3$ 标准溶液滴定至白色沉淀中变成暗橙色即为终点(边摇边滴)。平行测定 3 次，同时做空白实验。计算 NaCl 含量。

【数据记录和结果处理】

基准试剂名称________　　　　　　　　　　　　　　室温________

项目	测定次数		
	Ⅰ	Ⅱ	Ⅲ
$m(NaCl)/g$			
$V(AgNO_3)/mL$			
$c(AgNO_3)/(mol \cdot L^{-1})$			
$\bar{c}(AgNO_3)/(mol \cdot L^{-1})$			
相对平均偏差/%			

$AgNO_3$ 标准溶液的浓度计算公式：$c(AgNO_3)=\dfrac{m(NaCl)}{M(NaCl)(V(AgNO_3)-V_{空白})}$

项目	测定次数		
	Ⅰ	Ⅱ	Ⅲ
$V_{试样}/mL$			
$V(AgNO_3)/mL$			
$\rho(NaCl)/(g \cdot L^{-1})$			
$\bar{\rho}(NaCl)/(g \cdot L^{-1})$			
相对平均偏差/%			

生理盐水中 NaCl 的含量的计算公式：$\rho(NaCl)=\dfrac{c(AgNO_3)[V(AgNO_3)-V_{空白}]M(NaCl)}{V_{试样}}\times 4$

思考题

1. K_2CrO_4 指示剂用量大小对 Cl^- 的测定有何影响？
2. 滴定液的酸度应控制在什么范围为宜？
3. 为什么此法不能在酸性环境中进行？

实验十五　邻二氮菲分光光度法测定铁

【实验目标】

1. 学会应用光吸收曲线求得最大吸收波长 λ_{max}。
2. 学习分光光度法测定微量铁的原理和方法。
3. 了解 7200 型分光光度计的构造和使用方法。

【实验原理】

邻二氮菲(又称邻菲罗啉)是测定微量铁的一种较好的显色剂。1,10-邻二氮菲与 Fe^{2+} 在 pH=2～9 的溶液中能生成稳定的橙红色配合物。反应如下：

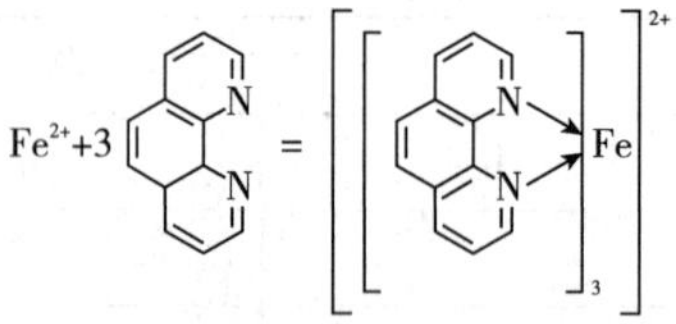

此配合物的 $\lg K=21.3$,摩尔吸光系数 $\varepsilon=1.1\times10^4$,最大吸收波长 $\lambda_{max}=510$ nm。

Fe^{3+} 应预先用还原剂盐酸羟胺($NH_2OH\cdot HCl$)还原为 Fe^{2+}，测定时注意控制溶液酸度，如酸度过高(pH<2),显色缓慢而色浅;酸度太低,则 Fe^{2+} 水解,影响显色。

本法的选择性很高,相当于含铁量 40 倍的 Sn^{2+}、Al^{3+}、Ca^{2+}、Mg^{2+}、Zn^{2+}、SiO_3^{2-},20 倍的 Cr^{3+}、Mn^{2+}、PO_3^{4-},5 倍的 Co^{2+}、Cu^{2+} 等均不干扰测定。

【仪器和试剂】

仪器:722S 型分光光度计,50 mL 容量瓶,1 mL、2 mL 和 10 mL 吸量管,烧杯。

试剂:(1)铁标准溶液 $\rho_{铁}=100\ \mu g\cdot mL^{-1}$:准确称取 0.863 4 g $NH_4Fe(SO_4)_2\cdot 12H_2O$ 置于烧杯中,加入 20 mL 6 $mol\cdot L^{-1}$ HCl 溶液和少量蒸馏水,溶解后定量地转移至 1 L 容量瓶中,以蒸馏水稀释至刻度,摇匀。稀释 10 倍备用。

(2)0.15%邻二氮菲水溶液。

(3)10%盐酸羟胺水溶液。

(4)1 $mol\cdot L^{-1}$ NaAc 溶液。

【实验步骤】

1.配制标准系列

用吸量管分别吸取 0.00 mL、2.00 mL、4.00 mL、6.00 mL、8.00 mL、10.00 mL 浓度为 10 $\mu g\cdot mL^{-1}$ 铁标准溶液于 6 支 50 mL 容量瓶中,再分别加入 10%盐酸羟胺溶液 1 mL, 0.15%邻二氮菲溶液 2 mL,1 mol/L NaAc 溶液 5 mL,用蒸馏水稀释至刻度,摇匀。

2.绘制邻二氮菲-Fe^{2+} 吸收曲线

用 1 cm 比色皿,以试剂空白为参比溶液,在 440 ～560 nm 波长范围内测定吸光度,每隔 10 nm 测定一次吸光度,在最大吸收波长附近,每隔 5 nm 测定一次数据。

以波长 λ 为横坐标,吸光度 A 为纵坐标,绘制吸收曲线。由吸收曲线选择测铁的适宜波长(一般选用最大吸收波长 λ_{max})。

3.绘制邻二氮菲-Fe^{2+} 工作曲线

在所选定的波长下,用 1 cm 比色皿,以试剂空白为参比溶液,浓度由小到大分别测定标准系列各溶液的吸光度 A。

以 50 mL 溶液中的含铁量为横坐标,相应的吸光度为纵坐标,绘出邻二菲氮-Fe^{2+} 的工作曲线。

4.铁含量的测定

准确移取 1.00 mL 未知试液于 50 mL 容量瓶中,依次加入 10%盐酸羟胺溶液 1 mL,

0.15%邻二氮菲溶液 2 mL 和 1 mol·L^{-1} NaAc 溶液 5 mL，以蒸馏水稀释至刻度，摇匀。在所选定的波长下测定其吸光度。根据工作曲线找出相应的浓度，计算未知液中铁含量（以 g·L^{-1}表示）。

【数据记录和结果处理】

1. 绘制邻二氮菲-Fe^{2+}吸收曲线

分光光度计型号： 比色皿厚度： 年 月 日

波长 λ/nm								
吸光度 A								

2. 绘制邻二氮菲-Fe^{2+}工作曲线

分光光度计型号： 比色皿厚度： 年 月 日

项目	标准溶液						未知液
吸取溶液体积/mL							
Fe^{2+}含量/(μg·50 mL^{-1})							
吸光度 A							

思 考 题

1. 为什么绘制标准曲线和测定试样应在相同条件下进行？这里主要指哪些条件？

2. 检流计标尺上所刻的吸光度 A 和透射比 T 两者关系如何？测定吸光度时，一般读取吸光度值，该值在标尺上取什么范围为好？为什么？如何控制被测溶液的吸光度值在此范围内？

3. 在本实验的各项操作中，哪些试剂的加入量要求准确，哪些则可不必，为什么？

4. 显色时，加入还原剂、缓冲溶液、显色剂的顺序可否颠倒？为什么？

实验十六 有机化合物折光率和旋光度的测定

【实验目标】

1. 学习有机化合物折光率的测定。

2. 了解旋光仪的构造。

3. 掌握旋光仪的使用，学习比旋光度的计算。

【实验原理】

折光率是物质的特性常数，固体、液体和气体都有折光率。对液体有机化合物，折光率是重要的物理常数之一，不仅作为物质纯度的标志，也可用来鉴定未知物。如分馏时，配合沸点，作为划分馏分的依据。物质的折光率随入射光线波长不同而变，也随测定时温度不同而变，通常温度升高 1℃，液态化合物折光率降低$(3.5\sim5.5)\times10^{-4}$，所以，折光率（$n$）的表示需要注出所用光线波长和测定的温度，常用 n_D^t 来表示，D表示钠光。

手性分子能使偏光振动平面旋转，使偏光振动向左旋转的为左旋性物质，使偏光振动向右旋转的为右旋性物质。比旋光度是物质特性常数之一，测定旋光度，可以检定旋光性物质的纯度和含量。测定旋光度的仪器叫旋光仪，市售的旋光仪有两种类型，一种是直接目测的，另一种是自动显示数值的。直接目测的旋光仪的基本结构如图5-2所示。

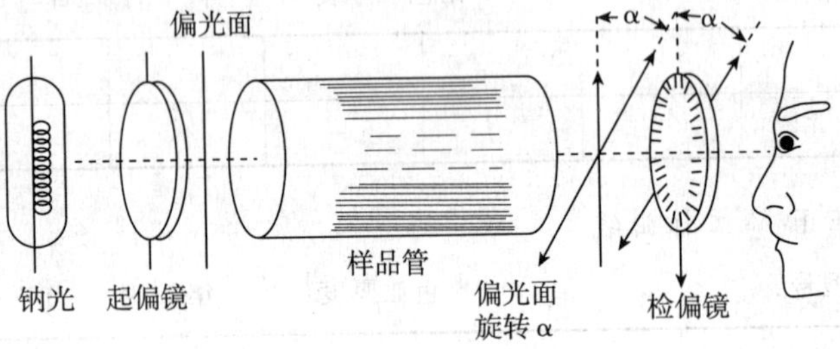

图 5-2 旋光仪示意图

光线从光源经过起偏镜，再经过盛有旋光性物质的旋光管时，因物质的旋光性致使偏振光不能通过第二个棱镜，必须扭转检偏镜，才能通过。因此，要调节检偏镜进行配光。由标尺盘上移动的角度，可以指示出检偏镜的转动角度，即为该物质在此浓度时的旋光度。物质的旋光度与溶液的浓度、溶剂、温度、旋光管长度和所用光源的波长等都有关系。因此常用比旋光度 $[\alpha]_\lambda^t$ 来表示各物质的旋光性。

$$纯液体的比旋光度=[\alpha]_\lambda^t=\frac{\alpha}{L\cdot d}$$

$$溶液的比旋光度=[\alpha]_\lambda^t=\frac{\alpha}{L\cdot c}$$

式中：$[\alpha]_\lambda^t$ 为旋光性物质在 t ℃、光源的波长为 λ 时的比旋光度；t 为测定时的温度；λ 为光源的光波长；d 为纯液体的密度；L 为旋光管的长度（单位：dm）；c 为浓度（1 mL 溶液中所含样品的克数）。

【仪器和试剂】

仪器：Abbe 折光计，擦镜头纸，圆盘旋光仪，100 mL 容量瓶等。

试剂：丙酮，1-溴代萘，重蒸水，乙醇，葡萄糖。

【实验步骤】

(一)有机化合物折光率的测定

1. Abbe 折光计的构造和使用方法

参见仪器使用说明。

2. 测定

准备工作做好后，打开棱镜，用滴管把待测液体2～3滴均匀地滴在磨砂面棱镜上，要求液体无气泡并充满视场，关紧棱镜。转动反射镜使视场最亮。

轻轻转动左面的刻度盘，并在右镜筒内找到明暗分界或彩色光带，再转动消色调节器，至看到一个明晰分界线。转动左面刻度盘，使分界线对准“十”叉线中心，并读折光率(可读至小数点后4位)，重复2～3次。

如果在目镜中看不到半明半暗，而是畸形的，这是因为棱镜间未充满液体。若出现弧形光环，则可能是有光线未经过棱镜面而直接照射在聚光透镜上，若液体折光率不在1.3～1.7范围内，则Abbe折光仪不能测定，也调不到明暗界线。

3. 维护

(1)Abbe折光仪在使用前后，棱镜均需用丙酮或乙醚洗净，并干燥之，滴管或其他硬物均不得接触镜面，擦洗镜面时只能用丝巾或擦镜纸吸干液体，不能用力擦，以防毛玻璃面擦花。

(2)用完后，要流尽金属套中的恒温水，拆下温度计并放在纸套筒中，将仪器擦净，放入盒中。

(3)折光计不能放在日光直射或靠近热源的地方，以免样品迅速蒸发。仪器应避免强烈振动或撞击，以防光学零件损伤及影响精度。

(4)酸、碱等腐蚀性液体不得使用Abbe折光计测其折光率，可用浸入式折光计测定。

(5)折光计不用时需放在干燥、空气流通的室内。

(二)有机化合物旋光度的测定

1. 旋光仪零点的校正

在测定样品前，需要先校正旋光仪的零点。将放样品用的管子洗好，左手拿住管子把它竖立，装上蒸馏水，使液面凸出管口，将玻璃盖沿管口边缘轻轻平推盖好，不能带入气泡，然后旋上螺丝帽盖，不漏水，不要过紧，过紧时会使玻盖产生扭力，如管内有空隙，影响结果。将样品管擦干，放入旋光仪内，罩上盖子，开启钠光灯，将标尺盘在零点左右，旋转粗动、微动手轮，使视场内Ⅰ和Ⅱ部分的亮度均一，记下读数。重复操作至少5次，取平均值，若零点相差太大时，应把仪器重新校正(图5-3)。

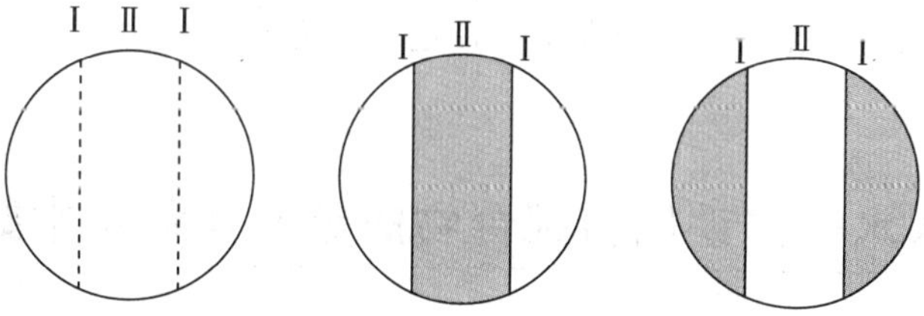

图5-3 三分视界式旋光仪中旋光的观察

2. 旋光度的测定

准确称取2.5 g样品(如葡萄糖)在100 mL容量瓶中配成溶液，依上法测定其旋光度(测定之前必须用溶液洗旋光管两次，以免受污物影响)。这时所得的读数与零点之间的差值即为该物质的旋光度。记下样品管的长度及溶液的温度，然后按公式计算其比旋光度。

对观察者来说偏振面顺时针的旋转为向右(＋)，这样测得的$+\alpha$，既符合于右旋α，也可以代表$(\alpha \pm n) \times 180^\circ$的所有值，因为偏振在旋光仪中旋转$\alpha$度后，它所在的平面和从这个角度向左或向右旋转$n$个$180^\circ$后所在平面完全重合。所以观察值为$\alpha$时，实际角度可以是$(\alpha \pm n) \times$

180°。例如，读度为＋38°，实际读度为218°、398°或－142°等。如此，在测定一个未知物时，至少要作改变浓度或盛液管长的测定。如观察值为38°，在稀释5倍后，新读度为＋7.6°，则此未知物的 α 应为7.6×5＝38°。

3. 自动旋光仪

系采用光电检测器及晶体管自动显示数值装置，灵敏度高，对目测旋光仪难于分析的低旋光度样品也可测定，但仅适用于比较法。使用应按照仪器说明书进行操作。

【数据记录和结果处理】

1. 折光率的测定

t＝______℃ D＝______

次数	1	2	3
n_D^t			

2. 旋光度的测定

样品	t	λ	l	d	c	α	$[\alpha]_\lambda^t$
乙醇							
葡萄糖							

思 考 题

1. 什么是折射率？其数值与哪些因素有关？
2. 使用阿贝折光仪应注意什么？
3. 测定折射率有什么意义？
4. 偏振光与自然光有什么不同？
5. 什么叫旋光度？物质的旋光度是根据什么原理进行测定的？
6. 向旋光管种添加待测液时，为什么不可带进空气泡？

实验十七 磺基水杨酸铁(Ⅲ)配合物的组成及稳定常数的测定

【实验目标】

1. 了解光度法测定配合物组成及其稳定常数的原理和方法。
2. 测定pH＝2时，磺基水杨酸铁(Ⅲ)的组成及其稳定常数。
3. 进一步学习分光光度计的使用及有关实验数据的处理方法。

【实验原理】

磺基水杨酸(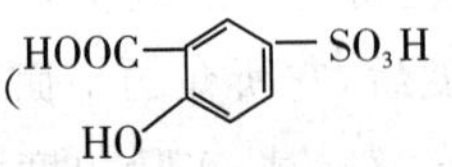

，简式为 H_3R，一级电离常数 $K_1^\ominus=3\times10^{-3}$）与 Fe^{3+} 可以形成稳定的配合物MRn，因溶液的pH不同，形成配合物的组成也不同。

磺基水杨酸溶液是无色的，Fe^{3+}的浓度很稀时也可以认为是无色的，它们在 pH 为 2～3 时，生成紫红色的螯合物(有一个配位体)，反应可表示如下：

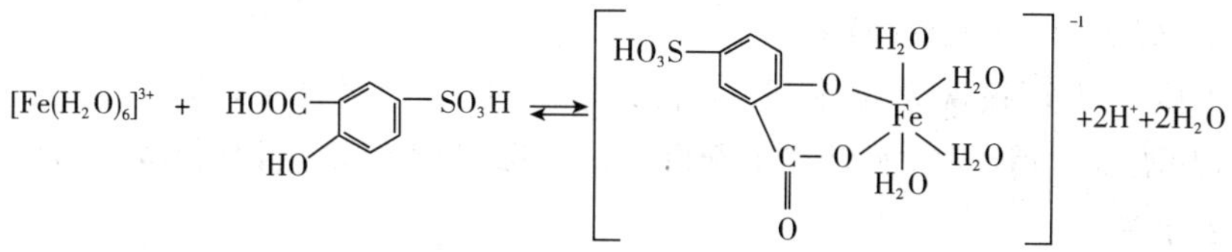

pH 为 4～9 时，生成红色螯合物(有 2 个配位体)；pH 为 9～11.5 时，生成黄色螯合物(有 3 个配位体)；pH＞12 时，有色螯合物被破坏而生成 $Fe(OH)_3$ 沉淀。

测定配合物的组成常用光度计，其前提条件是溶液中的中心离子和配位体都为无色，只有它们所形成的配合物有色。本实验在 pH 为 2～3 的条件下，用光度法测定上述配合物的组成和稳定常数，如前所述，测定的前提条件基本满足；实验中用高氯酸($HClO_4$)来控制溶液的 pH 和作空白溶液(其优点主要是 ClO_4^- 不易与金属离子配合)。由朗伯—比尔定律可知，所测溶液的吸光度在液层厚度一定时，只与配离子的浓度成正比。通过对溶液吸光度的测定，可以求出该配离子的组成。

下面介绍一种常用的测定方法：

等摩尔系列法：即用一定波长的单色光，测定一系列变化组分的溶液的吸光度(中心离子 M 和配体 R 的总摩尔数保持不变，而 M 和 R 的摩尔分数连续变化)。显然，在这一系列的溶液中，有一些溶液中金属离子是过量的，而另一些溶液中配体是过量的；在这两部分溶液中，配离子的浓度都不可能达到最大值；只有当溶液中金属离子与配体的摩尔数之比与配离子的组成一致时；配离子的浓度才能最大。由于中心离子和配体基本无色，只有配离子有色，所以配离子的浓度越大，溶液颜色越深，其吸光度也就越大，若以吸光度 A 对配体 R 的摩尔分数作图，则从图上最大吸收峰处可以求得配合物的组成 n 值，如图 5-4 所示，根据最大吸收处：

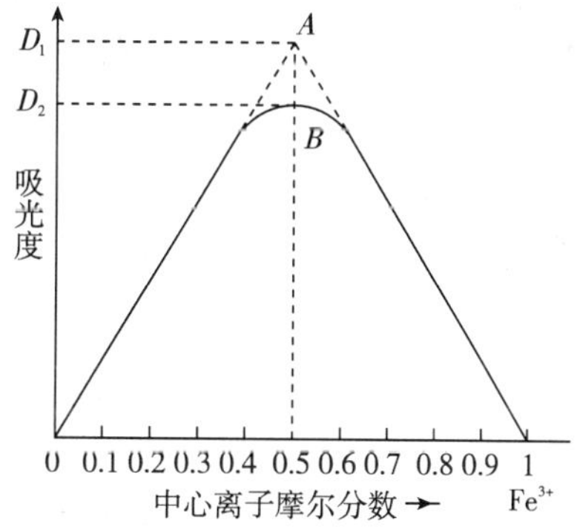

图 5-4 等摩尔系列法

$$配体摩尔分数=\frac{配体摩尔数}{总摩尔数}=0.5$$

$$中心离子摩尔分数=\frac{中心离子摩尔数}{总摩尔数}=0.5$$

$$n=\frac{\text{配体摩尔数}}{\text{中心离子摩尔数}}=1$$

由此可知该配合物的组成(MR)。

最大吸光度 A 点可被认为 M 和 R 全部形成配合物时的吸光度，其值 D_1。由于配离子有一部分离解，其浓度再稍小些，所以实验测得的最大吸光度在 B 点，其值为 D_2，因此配离子的离解度 α 可表示为：

$$\alpha=(D_1-D_2)\ /\ D_1$$

再根据 1∶1 组成配合物的关系式即可导出稳定常数 $K^{\ominus}_{稳}$。

$$\mathrm{M}+\mathrm{R}\rightleftharpoons\mathrm{MR}$$

$$\text{平衡浓度}\quad c\alpha \qquad c\alpha \qquad c-c\alpha$$

$$K^{\ominus}_{稳}=\frac{c(\mathrm{MR})}{c(\mathrm{M})c(\mathrm{R})}=\frac{1-\alpha}{c\alpha^2}$$

式中：c 为对应于 A 点金属离子 M 的浓度(即生成的配离子 MR 的起始浓度)。

【试剂和仪器】

仪器：7200 型可见光分光光度计，容量瓶(50 mL，11 支；100 mL，2 支；500 mL，1 支)，移液管(5 mL，3 支)，洗耳球，玻璃棒，烧杯。

试剂：$HClO_4$，磺基水杨酸(分析纯)，$(NH_4)Fe(SO_4)_2\cdot 12H_2O$(分析纯)。

【实验内容】

1. 溶液配制

(1) 0.1 mol·L^{-1} $HClO_4$ 溶液　将 4.4 mL 70% $HClO_4$ 溶液加入 50 mL 水中，稀释到 500 mL。

(2) 0.010 00 mol·L^{-1}磺基水杨酸溶液　称取 0.254 0 g 磺基水杨酸，用 0.1 mol·L^{-1} $HClO_4$溶液溶解后，全部转移到 100 mL 容量瓶中，并用 0.1 mol·L^{-1} $HClO_4$ 溶液稀释至刻度。

(3) 0.010 00 mol·L^{-1} Fe^{3+} 溶液　称取 0.482 0 g $(NH_4)Fe(SO_4)_2\cdot 12H_2O$，以 0.1 mol·L^{-1} $HClO_4$溶液溶解后，全部转移到 100 mL 容量瓶中，并用 0.1 mol·L^{-1} $HClO_4$溶液稀释至刻度。

2. 配制系列溶液

将 11 个 50 mL 容量瓶洗净编号。

(1) 在 1# 容量瓶中分别加入 5.00 mL，0.1 mol·L^{-1} $HClO_4$ 溶液和 5.00 mL，0.010 00 mol·L^{-1} Fe^{3+} 溶液，加蒸馏水稀释到刻度，摇匀备用。

(2) 用 3 支 5 mL 刻度吸管按表 1 列出的体积数，分别吸取 0.1 mol·L^{-1} $HClO_4$，0.010 00 mol·L^{-1} Fe^{3+} 溶液和 0.010 00 mol·L^{-1}磺基水杨酸溶液，分别注入 2# ~11# 容量瓶中，蒸馏水稀释至刻度，摇匀备用。

3. 测定系列溶液的吸光度

用分光光度计，以波长为 500 nm 的光源，1 cm 的比色皿，$HClO_4$ 溶液作空白溶液测定

$1^{\#}$～$11^{\#}$号系列溶液的吸光度。将测得的数据记入下表。

编号	$HClO_4$ 溶液体积/mL	磺基水杨酸(H_3R)体积/mL	Fe^{3+} 溶液体积/mL	$\frac{c_M}{c_M+c_R}$	吸光度 A
1	5.00	5.00	0.00		
2	5.00	4.50	0.50		
3	5.00	4.00	1.00		
4	5.00	3.50	1.50		
5	5.00	3.00	2.00		
6	5.00	2.50	2.50		
7	5.00	2.00	3.00		
8	5.00	1.50	3.50		
9	5.00	1.00	4.00		
10	5.00	0.50	4.50		
11	5.00	0.00	5.00		

(1)用等摩尔变化法确定配合物组成：根据表中的数据，作吸光度 A 对摩尔比$\frac{c_M}{c_M+c_R}$的关系图。将两侧的直线部分延长，交于一点，由交点确定配位数 n。

(2)磺基水杨酸合铁(Ⅲ)配合物的组成及其稳定常数的求得，从图中找出 D_1 和 D_2，计算 α 和稳定常数。

$$K^{\ominus}_{稳}=\frac{c(MR)}{c(M)c(R)}=\frac{1-\alpha}{c\alpha^2}$$

式中：c 为配合物 MR 的初始浓度。

思 考 题

1. 实验中，每个溶液的 pH 是否一样？如不一样对结果有何影响？

2. 用等摩尔系列法测定配合物组成时，为什么说溶液中金属离子的摩尔数与配位体的摩尔数之比正好与配离子组成相同时，配离子的浓度为最大？

3. 在测定吸光度时，如果温度变化较大，对测得的稳定常数有何影响？

4. 本实验为什么用 $HClO_4$ 溶液作空白溶液？为什么选用 500 nm 波长的光源来测定溶液的吸光度？

5. 使用分光光度计要注意哪些操作？

模块六　化学综合实验

实验一　胃舒平药片中铝和镁的测定

【实验目标】

1. 学习药剂测定的前处理方法。

2. 学习用返滴定测定铝的方法。

3. 掌握沉淀分离的操作方法。

【实验原理】

胃病患者常服用的胃舒平药片主要成分为氢氧化铝、三硅酸镁及少量中药颠茄流浸膏，在制成片剂时还加了大量糊精等赋形剂。药片中 Al 和 Mg 的含量可用 EDTA 配位滴定法测定。为此先溶解样品，分离除去水不溶物，然后取一定量试液，加入过量的 EDTA 溶液，调节 pH 至 4 左右，煮沸使 EDTA 与 Al 配位完全，再以二甲酚橙为指示剂，用 EDTA 标准溶液返滴定过量的 EDTA，测出 Al 含量。另取试液，调节 pH，将 Al 沉淀分离后，在 pH 为 10 的条件下以铬黑 T 作指示剂，用 EDTA 标准溶液滴定滤液中的 Mg。

【仪器和试剂】

仪器：250 mL 烧杯，玻璃漏斗，250 mL 容量瓶，10 mL 和 50 mL 量筒，250 mL 锥形瓶，25 mL和 5 mL 移液管，50 mL 酸式滴定管。

试剂：

(1)EDTA 标准溶液　0.02 $mol \cdot L^{-1}$(配制同模块五实验十二，标定方法见注释[2])。

(2)Zn^{2+} 标准溶液　0.02 $mol \cdot L^{-1}$(配制方法见注释[1])。

(3)氨性缓冲溶液(pH=10)：54 g NH_4Cl 溶于 300 mL 蒸馏水中，加入 36.6 mL 氨水，稀释至 1 L。

(4)二甲酚橙指示剂：0.2 %乙醇(或水)溶液。

(5)1∶1 HCl 溶液：一份浓盐酸注入一份纯水，等体积混匀。

(6)1∶1$NH_3 \cdot H_2O$ 溶液。

(7)1∶2 三乙醇胺溶液。

(8)六次甲基四胺溶液 20%。

(9)甲基红指示剂：0.2%乙醇溶液。

(10)铬黑 T 指示剂：1 g 铬黑 T 加 100 g NaCl，研细。

(11)NH_4Cl 固体。

【操作步骤】

1. 样品处理

称取胃舒平药片 10 片，研细后，从中称出药粉 2 g 左右，加入 20 mL HCl 溶液(1∶1)，加蒸馏水 100 mL，煮沸 10 min 并冷却后过滤，并以水洗涤沉淀，收集滤液及洗涤液与 250 mL 容量瓶中，稀释至刻度，摇匀。

2. 铝的测定

准确吸取上述试液 5 mL，加水至 25 mL 左右，滴加 $NH_3 \cdot H_2O$ 溶液(1∶1)至刚出现混浊，再加 HCl 溶液(1∶1)至沉淀恰好溶解。准确加入 EDTA 标准溶液 25.00 mL，再加入 20%六次甲基四胺溶液 10 mL，煮沸 10 min 并冷却后，加入二甲酚橙指示剂 2～3 滴，以 Zn^{2+} 标准溶液滴定至溶液由黄色转变为红色，即为终点，平行测 3 次。根据 EDTA 加入量与 Zn^{2+} 标准溶液滴定体积，计算每片药片中 $Al(OH)_3$ 的质量分数。

3. 镁的测定

吸取试液 25.00 mL，滴加 $NH_3 \cdot H_2O$ 溶液(1∶1)至刚出现沉淀，再加入 HCl 溶液(1∶1)至沉淀恰好溶解，加入 NH_4Cl 固体 2 g，滴加 20%六次甲基四胺溶液至沉淀出现并过量 15 mL。加热至 80℃，维持 10～15 min，冷却后过滤，以少量蒸馏水洗涤沉淀数次，收集滤液于洗涤液与 250 mL 锥形瓶中，加入 1∶2 三乙醇胺溶液 10 mL，氨性缓冲溶液(pH＝10) 10 mL及甲基红 1 滴，铬黑 T 指示剂少许，用 EDTA 标准溶液滴定至试液由暗红色转变为蓝绿色，即为终点，平行测 3 次。计算每片药片中 Mg 的质量分数(以 MgO 表示)。

注释：

[1]Zn^{2+} 标准溶液(0.02 $mol \cdot L^{-1}$)：准确称取金属 Zn 0.3～0.4 g，置于 250 mL 烧杯中，盖上表面皿，慢慢滴加 1∶1 HCl 溶液 10 mL 使其溶解。加热(小火)煮沸至不冒小气泡为止。冷至室温，用水冲洗表面皿和杯壁，定量转移至 250 mL 容量瓶中，定容后摇匀，计算其浓度。

[2]EDTA 溶液浓度的标定：准确移取 25.00 mL Zn^{2+} 标准溶液于锥形瓶中，加水约 30 mL，二甲酚橙指示剂 1～2 滴，滴加 1∶1$NH_3 \cdot H_2O$ 溶液至溶液由黄色刚变为橙色，然后加 5 mL 六次甲基四胺溶液，用 EDTA 溶液滴定至溶液由紫红色变为蓝绿色即为终点。平行测定 3 次，其滴定体积之差不得超过 0.04 mL。取其平均值，计算 EDTA 溶液的准确浓度。

[3]实验结果表明，用六次甲基四胺溶液调节 pH 以分离 $Al(OH)_3$，其结果比用氨水好，可以减少 $Al(OH)_3$ 沉淀对 Mg^{2+} 的吸附。

[4]测定 Mg^{2+} 时，加入甲基红 1 滴，能使终点更为敏锐。

思考题

1. 本实验为什么称取大样溶解后再分取试液进行滴定？
2. 在控制一定的条件下能否用 EDTA 标准溶液直接滴定铝？
3. 在分离 Al^{3+} 后的滤液里测定 Mg^{2+}，为什么还要加入三乙醇胺溶液？

实验二　动物性食品中水分的测定——直接干燥法

【实验目标】

1. 了解重量分析的原理与方法。
2. 掌握直接干燥法测定动物性食品中水分的原理和操作方法。

【实验原理】

食品中的水分一般是指在100℃左右直接干燥的情况下，所失去的物质总量。

水分测定的方法通常可分为直接法和间接法。直接法，如重量法（干燥法）、蒸馏法等，是利用水分的物理化学性质测定水分的方法；间接法是利用食品的比重、折射率、电导、介电常数等物理性质测定水分的方法。

干燥法又指烘箱干燥法，即在一定温度和压力条件下，将样品加热干燥，以除去水分，从而根据干燥前后的质量差值定量水分的含量。

【仪器和试剂】

仪器：电热恒温干燥箱，分析天平，称量瓶，蒸发皿，小玻棒，水浴锅等。

试剂：

(1)6 mol·L^{-1} HCl。

(2)6 mol·L^{-1} NaOH。

(3)海砂：取用水洗去泥土的海砂，先用6 mol·L^{-1} HCl煮沸0.5 h，用水洗至中性，再用6 mol·L^{-1} NaOH溶液煮沸0.5 h，用水洗至中性，经105℃干燥后备用。

【操作步骤】

1.固体样品

取洁净扁形称量瓶，置95～105℃干燥箱中（瓶盖斜支于瓶边），干燥0.5～1 h后盖好取出，置干燥器内冷却0.5 h后取出置分析天平上称重（下同）。再重复干燥1 h左右，取出置干燥器冷至室温再称重。至前后两次重量差<2 mg达到恒重。

称取2.0～5.0 g绞碎肉样，放入称量瓶（厚度约5 mm），加盖，精确称重后置于95～105℃干燥箱中（瓶盖斜支于瓶边），干燥2～4 h后盖好取出，置干燥器内冷却0.5 h后称重。再重复干燥1 h左右，取出置干燥器冷至室温再称重。至前后两次重量差<2 mg达到恒重。

2.半固体或液体样品

取洁净蒸发皿，内加约10 g海砂及小玻棒置95～105℃干燥箱内干燥0.5～1 h，取出置干燥器内冷却0.5 h后称重，并重复干燥至恒重。精确称取8.0～10.0 g样品放入蒸发皿内并搅匀，置70～80℃水浴蒸干（随时搅拌）擦去皿底水分，置95～105℃干燥箱内4 h左右，盖好取出，置干燥器内冷却0.5 h后称重，并重复干燥至前后两次重量差<2 mg为恒重。

按下式计算样品中水分含量：

$$水分含量=\frac{m_2-m_3}{m_2-m_1}\times 100\%$$

式中：m_1 为称量瓶（或蒸发皿、海砂、玻棒）质量(g)；m_2 为称量瓶（或蒸发皿、海砂、玻棒）和样品质量(g)；m_3 为称量瓶（或蒸发皿、海砂、玻棒）和干燥后样品质量(g)。

实验三 硫酸亚铁铵的制备

【实验目标】

1. 了解复盐晶体的制备方法。

2. 练习台式天平和移液管(或吸量管)的使用以及水浴加热、溶解、过滤(抽气过滤)、蒸发、结晶、干燥等基本操作。

3. 学习用目测比色检验产品质量的方法。

【实验原理】

铁能溶于稀 H_2SO_4 中生成 $FeSO_4$：

$$Fe + H_2SO_4(稀) = FeSO_4 + H_2\uparrow$$

通常,亚铁盐在空气中易被氧化。在硫酸亚铁溶液中加入与 $FeSO_4$ 等物质的量(以 mol 计)的硫酸铵,能生成复盐硫酸亚铁铵[$(NH_4)_2SO_4 \cdot FeSO_4 \cdot 6H_2O$]。硫酸亚铁铵比较稳定,不易被空气氧化。像所有的复盐那样,硫酸亚铁铵在水中的溶解度比组成它的每一组分[$FeSO_4$ 或 $(NH_4)_2SO_4$]的溶解度都要小(表 6-1)。蒸发浓缩所得溶液,可制得浅绿色硫酸亚铁铵(六水合物)晶体。

$$FeSO_4 + (NH_4)_2SO_4 + 6H_2O = (NH_4)_2SO_4 \cdot FeSO_4 \cdot 6H_2O$$

为了避免 Fe^{2+} 的氧化和水解,在制备 $(NH_4)_2SO_4 \cdot FeSO_4 \cdot 6H_2O$ 过程中,溶液需要保持足够的酸度。

用目测比色法可估计产品所含杂质 Fe^{3+} 的量,从而确定产品的等级。

表 6-1 在不同温度下的一些盐类的溶解度 g/100 g H_2O

盐类	温度 t/℃						
	0	10	20	30	40	50	60
$FeSO_4 \cdot 7H_2O$	15.6	20.5	26.5	32.9	40.2	48.6	—
$(NH_4)_2SO_4$	70.6	73.0	75.4	78.0	81.6	—	88.0
$(NH_4)_2SO_4 \cdot FeSO_4 \cdot 6H_2O$	12.5	12.5	—	—	33.0	40.0	—

【仪器和试剂】

仪器：台秤,酒精灯,100 mL 烧杯,表面皿,蒸发皿(或有柄蒸发皿),石棉网,铁架,铁圈,10 mL、100 mL 量筒,20 mL 移液管,10 mL 吸量管,白瓷板,玻璃棒,漏斗,布氏漏斗,吸滤瓶,玻璃抽气管,安全瓶,25 mL 比色管,比色管架。

试剂：2 $mol \cdot L^{-1}$ HCl,3 $mol \cdot L^{-1}$ H_2SO_4,0.010 0 mg/mL Fe^{3+} 标准溶液[1],2 $mol \cdot L^{-1}$ KSCN,$(NH_4)_2SO_4$(s)[2],10%Na_2CO_3,pH 试纸,滤纸,滤纸碎片,铁屑。

【操作步骤】

1. 铁屑表面油污的去除

称取 20 g 铁屑，放入小烧杯中，加入 15 mL 10% Na_2CO_3 溶液。小火加热 10 min，用倾析法倒去 Na_2CO_3 碱性溶液，再用去离子水把铁屑冲洗洁净(如何检验铁屑已冲洗洁净?)，备用。

2. 硫酸亚铁的制备

往盛有 20 g 洁净铁屑的小烧杯中加入 3 mol·L^{-1} H_2SO_4 溶液 15 mL，盖上表面皿，放在石棉网上用小火加热(由于铁屑中的杂质在反应中会产生一些有毒气体，最好在通风橱中进行)，使铁屑和稀硫酸反应至不再冒出气泡为止(约需 15 min)。在加热过程中应不时加入少量去离子水，以补充被蒸发的水分，防止 $FeSO_4$ 结晶出来；同时要控制溶液的 pH 小于 1。趁热用普通漏斗过滤，滤液承接于洁净的蒸发皿中，用数毫升热水[3]洗涤小烧杯及漏斗上的残渣。洗涤液仍承接于蒸发皿中。将留在小烧杯中及滤纸上的残渣取出，用滤纸碎片吸干后称重。根据已作用的铁屑重量，算出溶液中的 $FeSO_4$ 的理论产量。

3. 硫酸亚铁铵的制备

根据 $FeSO_4$ 的理论产量，计算并称取所需固体 $(NH_4)_2SO_4$ 的用量。在室温下将称出的 $(NH_4)_2SO_4$ 配制成饱和溶液，然后倒入上面所制得的 $FeSO_4$ 溶液中。混合均匀并用 3 mol·L^{-1} H_2SO_4 溶液调节 pH 为 1～2，用小火蒸发浓缩至溶液表面刚出现结晶薄层时为止(蒸发过程中不宜搅动)。放置，让其慢慢冷却，即有硫酸亚铁铵晶体析出。待冷至室温后，用布氏漏斗过滤。将晶体取出，置于两张洁净的滤纸之间，轻压以吸干母液，称重。计算理论产量和产率。产率计算公式如下：

$$产率=\frac{实际产量(g)}{理论产量(g)}\times 100\%$$

4. 产品检验

(1)标准溶液的配制　往 3 支 25 mL 的比色管中各加入 2 mL 2 mol·L^{-1} KSCN 溶液。再用移液管分别加入不同体积的 0.010 0 mg/mL Fe^{3+} 标准溶液 5 mL、10 mL、20 mL 最后用去离子水稀释至刻度，制成含 Fe^{3+} 量不同的标准溶液。它们所对应各级硫酸亚铁铵药品的规格如下：

含 Fe^{3+}　0.05 mg，符合一级标准；

含 Fe^{3+}　0.10 mg，符合二级标准；

含 Fe^{3+}　0.20 mg，符合三级标准。

(2)Fe^{3+} 分析　称取 10 g 产品，置于 25 mL 比色管中，加入 15 mL 不含氧气的去离子水，使产品溶解。然后按上述操作加入 3 mL 2 mol·L^{-1} HCl 溶液和 2 mL 2 mol·L^{-1} KSCN 溶液，再用不含氧气的去离子水稀释至 25 mL。搅拌均匀。将它与已配制好的上述标准溶液进行目测比色，确定产品的等级。在进行比色操作时，可在比色管下衬以白瓷板；为了消除周围光线的影响，可用白纸条包住装盛溶液那部分比色管的四周。从上往下观察，对比溶液颜色的深浅程度来确定产品的等级。

注释：

[1] 称取 0.086 4 g 分析纯硫酸高铁氨 $Fe(NH_4)(SO_4)_2 \cdot 12H_2O$ 溶于 3 mL 2 mol·L^{-1} HCl 中，再全部移入 100 mL 容量瓶中，用去离子水稀释至刻度，摇匀。

[2] 固体$(NH_4)_2SO_4$ 的纯度必须很高(可用分析纯)。

[3] 用热的去离子水洗涤附着于小烧杯及残渣上的硫酸亚铁溶液时，用水量要尽可能少。因为用水量太多，会使以后溶液蒸发的时间过长。

思考题

1. 如何计算本实验所需硫酸铵的质量和硫酸亚铁铵的理论产量？试列出计算式。

2. 为什么制备硫酸亚铁铵晶体时，溶液必须呈酸性？

3. 为什么在检验产品中的 Fe^{3+} 含量时，要用不含氧气的去离子水？如何制备不含氧气的去离子水？

实验四　乙酸乙酯的制备

【实验目标】

1. 了解从有机酸合成酯的一般原理及方法。

2. 掌握蒸馏，分液漏斗的使用等操作。

【实验原理】

醇和有机酸在 H^+ 的存在下发生酯化反应生成酯。

$$CH_3COOH + CH_3CH_2OH \xrightleftharpoons[110\sim120℃]{H_2SO_4} CH_3COOCH_2CH_3 + H_2O$$

【仪器和试剂】

仪器：三口烧瓶，滴液漏斗，温度计，沸石，蒸馏头，冷凝管，尾接管，分液漏斗，锥形瓶，电热套等。

试剂：95%乙醇，冰醋酸，浓 H_2SO_4，饱和 Na_2CO_3 溶液，饱和 NaCl 溶液，饱和 $CaCl_2$ 溶液，无水 $MgSO_4$ 等。

【操作步骤】

1. 加料、安装仪器

(1) 在 100 mL 三口烧瓶中，加 12 mL 95%乙醇和 6 mL 浓 H_2SO_4，摇匀，加入几粒沸石。

(2) 在三口烧瓶上分别装上温度计(伸进液面)、滴液漏斗(下端进入液面)，连接蒸馏装置。

2. 乙酸乙酯的生成

(1) 从滴液漏斗中先滴加由 12 mL 乙醇和 12 mL 冰醋酸组成的溶液 6～8 mL，加热体系使快速升温到 115℃左右。

(2)保持温度 110～120℃，滴加余下的混合液，使滴加速度与馏出速度大致相等。滴加完毕后使蒸馏至体系温度升高至 130℃时停止反应。

3. 乙酸乙酯的提纯

(1)中和　向馏出液中缓慢地分次加入饱和 Na_2CO_3 溶液（每次 1～2 mL），并不断摇动，直至无气泡放出，使体系呈中性（用了多少毫升？），将中和后的液体转入分液漏斗，充分振摇并放气，静置分层。分出下层水相。

(2)洗涤　酯层分别用等体积 10 mL 饱和 NaCl 溶液洗涤两次，分去下层 NaCl 水溶液。酯层再分别用等体积 10 mL 饱和 $CaCl_2$ 溶液洗涤两次，分离下层 $CaCl_2$ 水溶液。

(3)干燥脱水　将酯层从分液漏斗上口倒入一干燥的磨口锥形瓶中，加无水硫酸镁 3～5 g，充分振荡后，静置 30 min。

(4)滤出干燥剂，水浴蒸馏，收集 73～78℃馏分。

4. 称量

称量产品，计算产率。

思考题

1. 酯化反应有什么特点？在实验中如何创造条件促使酯化反应尽量向生成物方向进行？

2. 本实验中若采用醋酸过量的做法是否合适？为什么？

3. 本实验有哪些副反应？

4. 为什么反应温度一般控制在 110～120℃，而最后则升高 130℃？能否在 130℃下使反应进行？

5. 苯甲酸乙酯沸点为 213℃，能否采此方法合成之？为什么？

实验五　甲基橙的制备

【实验目标】

1. 通过甲基橙的制备掌握重氮化反应和耦合反应的实验操作。

2. 巩固盐析和重结晶的原理和操作。

【实验原理】

甲基橙是指示剂，它是由对氨基苯磺酸重氮盐与 N，N-二甲基苯胺的醋酸盐，在弱酸性介质中耦合得到的。耦合首先得到的是嫩红色的酸式甲基橙，称为酸性黄，在碱中酸性黄转变为橙黄色的钠盐，即甲基橙。

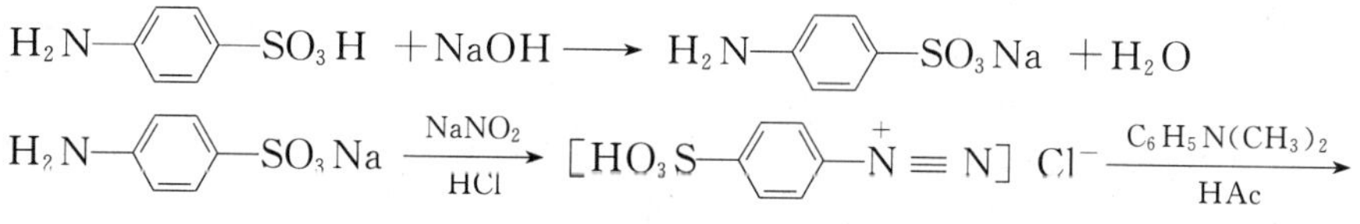

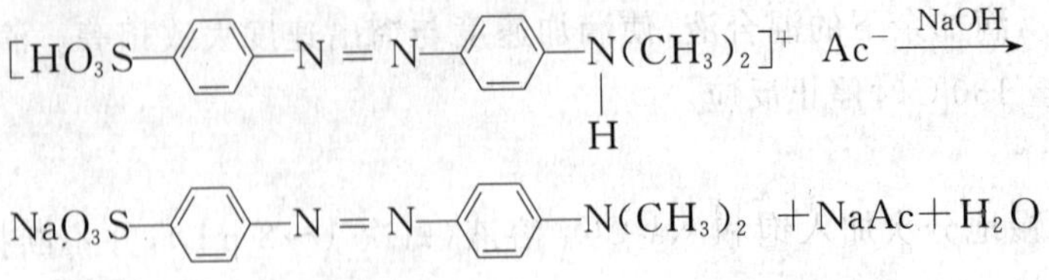

甲基橙

【仪器和试剂】

仪器：烧杯，玻璃棒，试管，抽滤瓶，布氏漏斗，滤纸，酒精灯，水浴锅，量筒等。

试剂：冰，对氨基苯磺酸(s)，$NaNO_2$(s)，N、N-二甲基苯胺，冰醋酸，浓 HCl，0.1 mol · L^{-1} HCl，5% NaOH，0.1 mol · L^{-1} NaOH，饱和 NaCl 水溶液等。

【操作步骤】

(1)在小烧杯中用 10 mL 5%NaOH 水溶液溶解 2.1 g 对氨基苯磺酸。

(2)用 6 mL 水溶解 0.8 g $NaNO_2$，与上述溶液混合，并冷至 0～5℃以下。

(3)将 3 mL 浓 HCl 和 10 mL 水配成溶液，在 5℃以下搅拌，将此溶液滴加到上述混合物中。(用淀粉—碘化钾试纸检验溶液是否变蓝，若不变蓝可再加少许 $NaNO_2$)。放置 15 min。

(4)将 1.2 g N，N-二甲基苯胺和 1 mL 醋酸配成溶液。搅拌下将此溶液加到上述冷的重氮盐溶液中。

(5)搅拌约 10 min 后，慢慢加入 5% NaOH 溶液，使反应体系变为橙色。溶液呈碱性(约需 25 mL)。

(6)在水浴上加热体系 5 min，冷却、抽滤，依次用少量水、乙醇和乙醚洗涤结晶。压干(产品可用稀氢氧化钠重结晶)确定收率。

(7)用少许产品溶于水；先加几滴 0.1 mol · L^{-1} HCl，然后再加几滴 0.1 mol · L^{-1} NaOH 中和，观察颜色变化。

思 考 题

1. 什么叫偶联反应？重氮盐与芳胺或酚的偶联条件有何不同？

2. 在本实验中，重氮盐的制备为什么要控制在 0～5℃中进行？耦合反应为什么在弱酸性介质中进行？

3. 在制备重氮盐中若加入氯化亚铜将出现什么样的结果？

4. N，N-二甲基苯胺与重氮盐偶合为什么总是在氨基的对位上发生？

5. 本实验为何先把对氨基苯磺酸溶于碱中，若先与盐酸混合再加亚硝酸钠是否可以？为什么？

6. 用反应式表示甲基橙在酸和碱中的变化，解释变色原因？

实验六 从烟叶中提取烟碱

【实验目标】

1. 了解从烟叶中提取烟碱的原理。

2. 复习重结晶的操作技术。

【实验原理】

烟碱又名尼古丁，是存在于烟草中主要的生物碱，于 1928 年首次被分离出来，它是具有吡啶和吡咯两种杂环的含氮碱，天然尼古丁是左旋体。

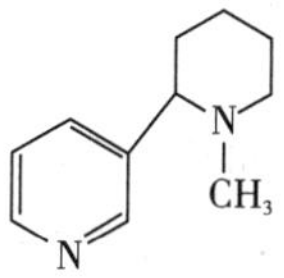

烟碱在商业上用作杀虫剂以及兽医药剂中寄生虫的驱除剂。它对人类的毒害很大，烟碱为无色油状液体(bp246℃)，能溶于水和许多有机溶剂。由于分子中两个氮都显碱性，故一般能与两摩尔的酸成盐。

本实验将从干燥的烟叶(一支雪茄)中离析出烟碱，它在烟叶中含 2%～3%，并与柠檬酸及苹果酸结合在一起。用强碱溶液(5%氢氧化钠)萃取烟叶，使产生游离碱，然后再用乙醚将它从碱溶液中萃取出来，并进一步精制。由于烟碱是液体，而且从一支雪茄烟中离析出的量很少，不易纯化和操作，因此在萃取后的溶液中加入苦味酸，使烟碱成为二苦味酸盐的结晶而离析出来，并通过测定衍生物的熔点加以鉴定。

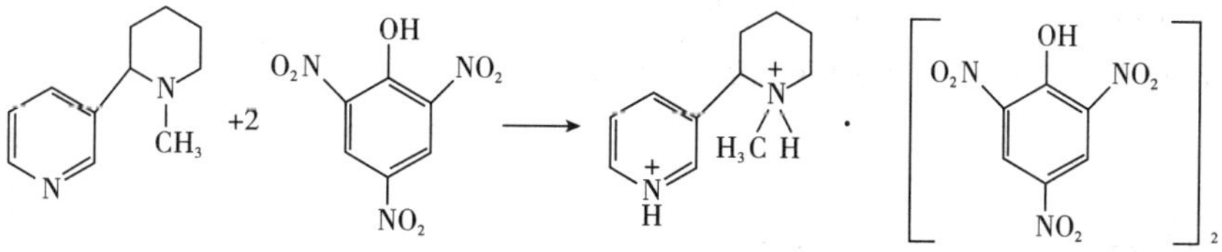

【仪器和试剂】

仪器：烧杯，布氏漏斗，短颈漏斗，分液漏斗，玻璃漏斗，锥形瓶，熔点仪，蒸馏装置。

试剂：烟叶，5%NaOH，乙醚，饱和苦味酸甲醇溶液，甲醇。

【操作步骤】

(1)在 400 mL 烧杯中加入 8.5 g 碾碎的雪茄烟叶[1]和 100 mL 5%NaOH 溶液，搅拌 15 min 后用布氏漏斗抽气过滤。勿放置滤纸(滤纸在碱液中立即膨胀并失去作用)，用干净的玻塞或小烧杯的底部挤压过滤的烟叶以挤出所有的碱提取液，接着用 20 mL 水洗涤烟叶，并再次抽滤挤压。

(2)将抽滤后的碱提取液通过在颈口放置有玻璃丝的短颈漏斗，以除去少量穿过漏斗的烟叶碎片，用少量水洗涤玻璃丝并将洗涤液合并至碱提取液中。

(3)将黑褐色的过滤液移入 250 mL 分液漏斗中，用 25 mL 乙醚萃取。萃取时应轻轻旋荡，但不要振荡漏斗，以免形成乳浊液而难以分层。分出下层水相于烧杯中并予以保留。当醚层趋近活塞时，可能在漏斗尖底部出现少量黑色乳状液，小心从漏斗上口将醚层倾滗于 100 mL 圆底烧瓶中与乳浊液分离，水层再每次用 25 mL 乙醚萃取两次。

(4)合并乙醚萃取液，在水浴上蒸去乙醚，并用水泵将溶剂抽干。

(5)残余物[2]中加入 1 mL 蒸馏水，并轻轻旋摇使残渣溶解。然后加入 4 mL 甲醇，将溶液通过放有玻璃丝（或一小团棉花）的短颈漏斗过滤到小烧杯中，并用 5 mL 甲醇涮洗烧瓶和玻璃丝，合并至小烧杯中。此时溶液应是清亮的，否则需要重新过滤。在搅拌下向烧杯中加入 10 mL 饱和苦味酸盐的甲醇溶液，立即析出二苦味酸烟碱盐浅黄色的沉淀。用玻璃漏斗过滤，干燥后测定熔点。按此操作得到的二苦味酸烟碱盐熔点为 217～220℃，称重并计算所提取的烟碱的百分产率。

(6)用刮刀将粗产物移入 50 mL 锥形瓶中，加入 20 mL 50％乙醇-水（体积比）溶液，小心加热至沸使粗产物溶解，放置让其自然冷却。注意亮黄色长形棱状结晶的生成。结晶过程有时是缓慢的，可用刮刀摩擦瓶壁促使结晶或塞住瓶子放置至下次实验。抽滤，干燥后称重并测定熔点，纯二苦味酸烟碱盐的熔点为 222～223℃。

注释：

[1] 也可用普通香烟烟丝代替雪茄，由于大多数烟厂都试图去除烟草中的尼古丁，因此雪茄烟或市售的干燥烟叶是更理想的提取烟碱的原料。

[2] 烟碱剧毒，致死量为 60 mg，操作时务必小心。如不慎手上沾上烟碱提取液，应用水冲洗后用肥皂擦洗。

思考题

1. 烟碱是生物碱，为何用强碱溶液萃取？
2. 碱提取液为何需用放有玻璃丝的短颈漏斗过滤？

实验七 从茶叶中提取咖啡因

【实验目标】

1. 了解从茶叶中提取咖啡因的原理。
2. 进一步熟悉脂肪提取器的用法。

【实验原理】

茶叶中含有多种生物碱，其中以咖啡碱（又称咖啡因）为主，占 1％～5％。另外还含有 11％～12％的丹宁酸（又名鞣酸），0.6％的色素、纤维素、蛋白质等。咖啡碱是弱碱性化合物，易溶于氯仿(12.5%)、水(2%)及乙醇(2%)等。在苯中的溶解度为1%(热苯为5%)。丹宁酸易溶于水和乙醇，但不溶于苯。

咖啡碱是杂环化合物嘌呤的衍生物，它的化学名称是1，3，7-三甲基-2，6-二氧嘌呤，其结构式如下：

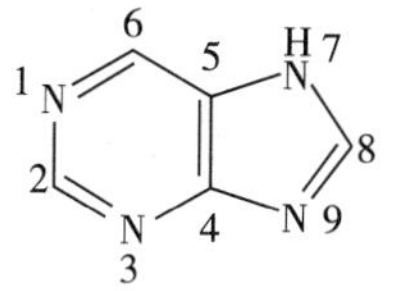

嘌呤

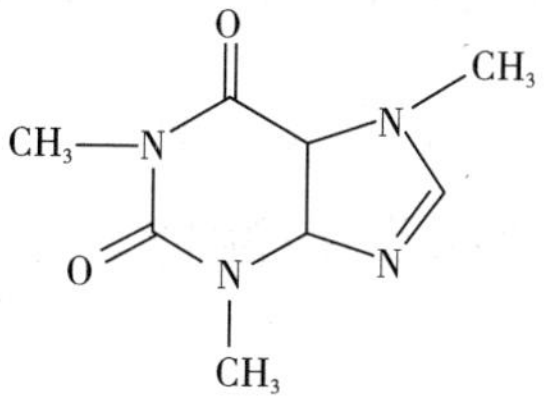

咖啡因(1，3，7-三甲基-2，6-二氧嘌呤)

含结晶水的咖啡因系无色针状结晶，味苦，能溶于水、乙醇、氯仿等。在100℃时即失去结晶水，并开始升华，120℃时升华相当显著，至178℃时升华很快。无水咖啡因的熔点为234.5℃。

为了提取茶叶中的咖啡因，往往利用适当的溶剂(氯仿、乙醇、苯等)在脂肪提取器中连续抽提，然后蒸去溶剂，即得粗咖啡因。

粗咖啡因还含有其他一些生物碱和杂质，利用升华可进一步提纯。

工业上，咖啡因主要通过人工合成制得。它具有刺激心脏、兴奋大脑神经和利尿等作用，因此可作为中枢神经兴奋药。它也是复方阿司匹林(APC)等药物的组分之一。

咖啡因可以通过测定熔点及光谱法加以鉴别。此外，还可以通过制备咖啡因水杨酸衍生物进一步得到确证。咖啡因作为碱，可与水杨酸作用生成水杨酸盐，此盐的熔点为137℃。

【仪器和试剂】

仪器：脂肪提取器，蒸馏装置，烧杯，蒸发皿，玻璃漏斗，电热套，滤纸。

试剂：茶叶，95%乙醇，生石灰。

【操作步骤】

(1)在250 mL圆底烧瓶中加100 mL乙醇，取10 g茶叶研碎放于脂肪提取器的滤纸套中，然后放进提取器中。

(2)按图2-32所示装好提取装置。

(3)电热套加热连续提取至提取液颜色变淡为止(约40 min)。

(4)改成蒸馏装置，蒸出大部分乙醇，残留液剩下15～20 mL，切勿蒸干。

(5)将残留液转移至蒸发皿中，加入约8 g研细的生石灰(脱水及中和酸性物质)。搅拌下，在电热套烘炒使水分全部除去。

(6)均匀而薄薄地铺在蒸发皿底部，上部放一张带有小孔的滤纸，再盖上一玻璃漏斗，并堵上颈孔，如图2-33所示升华装置。缓缓地小火加热(勿使火焰停在局部)使升华。稍冷后将升华物质取出。

(7)将残渣再翻动一下，再加热(可加大火焰)使升华完全，合并两次升华物，测定熔点。

思考题

1. 本实验提取过程中茶叶会有何变化?
2. 本实验的提取溶剂除用乙醇外,还可用何种溶剂?
3. 升华法可以提纯哪些物质?
4. 升华操作为什么要在三相点以下温度进行?

实验八　油脂的提取和油脂的性质

【实验目标】

1. 学习油脂提取的原理和方法,了解油脂的一般性质。
2. 掌握索氏脂肪提取器的操作。

【实验原理】

油脂是动植物细胞的重要组成成分,其含量高低是油料作物品质的重要指标。

油脂是高级脂肪酸甘油酯的混合物,其种类繁多,均可溶于乙醚、苯、石油醚、二硫化碳等脂溶性有机溶剂。据此,本实验以石油醚作溶剂,在索氏提取器中进行油脂提取。在此提取过程中,除油脂外,一些脂溶性的色素、游离脂肪酸、磷脂、固醇及蜡等也一并被浸提出来,所以提取物为粗油脂。

油脂在酸或碱的存在下,或受酶的作用,易被水解成甘油与高级脂肪酸。例如:

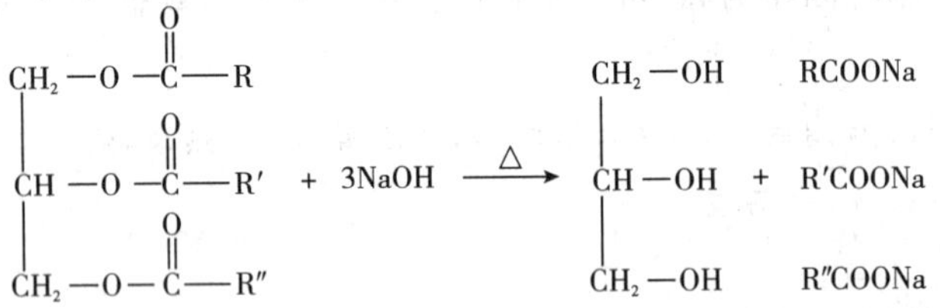

高级脂肪酸的钠盐即为常用的肥皂。当加入饱和食盐水后,由于肥皂不溶于盐水而被盐析,浮于上层,甘油则溶于盐水,故将甘油和肥皂分开。

所生成的甘油与硫酸铜的氢氧化钠溶液反应得蓝色溶液,可作为甘油的鉴定:而肥皂与无机酸作用则游离出难溶于水的高级脂肪酸。

$$RCOONa + HCl \longrightarrow RCOOH + NaCl$$

由于高级脂肪酸钙盐(钙皂)、镁盐(镁皂)等不溶于水,故常用的钠皂溶液遇钙、镁等离子后,就生成钙盐、镁盐沉淀而失效。

组成油脂的高级脂肪酸中,除硬脂酸,软脂酸等饱和脂肪酸外,还有油酸、亚油酸等不饱和脂肪酸。不同油脂的不饱和度也不同,其不饱和度可根据它们与溴或碘的加成作用进行定性或定量测定。

【仪器和试剂】

仪器：索氏提取器，普通蒸馏装置，抽滤装置，滤纸筒，台秤。

试剂：花生米[1]，花生油，95%乙醇，7.5 mol·L^{-1} NaOH，5% $CuSO_4$，10% $CaCl_2$，10% $MgSO_4$，10% HCl，饱和 NaCl，溴的四氯化碳溶液，花生油的四氯化碳溶液(10%)，猪油的四氯化碳溶液(10%)，石油醚(60～90℃)。

【操作步骤】

一、油脂的提取

将烘干研碎的花生米，置于滤纸筒(或滤纸包)内，上面盖一层滤纸，以防样品溢出。将洗净的索氏提取器的烧瓶烘干，冷却后，加入石油醚达容积的1/2～2/3处，把盛有样品的滤纸筒(或滤纸包)放在抽出筒内(注意：滤纸筒的上缘必须略高于抽出筒的虹吸管)，安装好提取器后，在水浴上加热回流1.5 h左右(注意：切勿用明火！)。

提取完毕，撤去水浴，待石油醚冷却后，卸下提取器，取出纸筒，残渣在红外灯下烘干。

将仪器改装成蒸馏装置，在水浴上加热回收石油醚。待温度计读数下降，即停止蒸馏，烧瓶中所剩浓缩物便是粗油脂。

称量残渣质量，并计算粗油脂含量。

二、油脂的化学性质

1. 皂化——肥皂的制备

(1)皂化

①取10 mL花生油[2]于100 mL圆底烧瓶中，加入15 mL 95%乙醇[3]及7.5 mol·L^{-1} NaOH溶液10 mL，并投入几粒沸石。

②振荡后，装上冷凝管加热回流约40 min，在回流过程中要间歇式的转动冷凝管，防止粘住。最后检查皂化是否完全[4]。即得花生油皂化的乙醇溶液——肥皂溶液，留作以下试验用。

(2)盐析

①将皂化液倒入一盛有100 mL饱和食盐水的小烧杯中，边加边搅拌，这时便有一层肥皂浮于溶液表面。若无肥皂出现，继续加饱和食盐水直到出现为止。

②冷却后，进行过滤，滤渣即为肥皂，滤液留作鉴别甘油试验。

2. 肥皂的性质

取适量所制肥皂置于小烧杯中，加入15 mL蒸馏水，加热并不断搅拌，使其溶解为无色透明的肥皂水溶液。

(1)取一试管，加入2 mL肥皂溶液，在不断搅拌下徐徐滴加5～10滴10% HCl溶液。观察有何现象发生？并说明原因。

(2)取二支试管，各加入2 mL肥皂水溶液，再分别加入5～10滴10% $CaCl_2$ 和10% $MgSO_4$(或 $MgCl_2$)溶液。有何现象产生？为什么？

(3)取一支试管，加入2 mL蒸馏水和1～2滴花生油，充分振荡，观察乳浊液的形成。另取一试管，加入肥皂水2 mL，也加1～2滴花生油，充分振荡，并观察有何现象？将两支试管静置数分钟后，比较二者稳定程度有何不同？为什么？

3. 油脂中甘油的检查

取两支干净试管，一支加入 1 mL 上述盐析试验所得的滤液，另一支加入 1 mL 蒸馏水做空白试验。然后，在两支试管中各加入 1 滴 7.5 mol·L^{-1} NaOH 溶液及 3 滴 5%$CuSO_4$ 溶液。试比较二者颜色有何区别？为什么？

4. 油脂的不饱和性

在两支干燥试管中，分别加入 10 滴 10%花生油的四氯化碳溶液和 10 滴 10%猪油的四氯化碳溶液。然后，分别逐滴加入溴的四氯化碳溶液，并随时加以振荡，直到溴的颜色不褪为止。记录二者所需溴的四氯化碳溶液的量，并比较它们的不饱和程度。

注释：

[1]先将花生米放在 100～105℃烘箱中烘烤 3～4 h(有硬壳的样品，需将硬壳除去再烘干)。冷却至室温，粉碎(颗粒应小于 50 目，可过 50 目筛)，备用。

[2]也可用豆油、棉籽油、猪油、牛油或本实验的粗脂肪浓缩液。

[3]由于油脂不溶于碱的水溶液，故作用很慢，加入乙醇要增加油脂的溶解度，使油脂与碱形成均匀的溶液，从而加速皂化的进行。

[4]检查皂化是否完全的方法为：取出几滴皂化液放在试管中，加入 5～6 mL 蒸馏水，加热振荡，如无油滴分出，则表示已皂化完全。

思考题

1. 如何检验油脂的皂化作用是否完全？
2. 在油脂皂化反应中，氢氧化钠起什么作用？乙醇又起什么作用？
3. 为什么肥皂能稳定油/水型乳浊液？

实验九 饲料中粗灰分、钙、磷连续测定

【实验目标】

1. 了解饲料中粗灰分、钙、磷连续测定的方法。
2. 进一步掌握重量法、高锰酸钾法以及吸光光度法的操作方法。

一、饲料中粗灰分的测定

【实验原理】

试样在 550℃灼烧后所得残渣，用质量百分率表示。残渣中主要是氧化物、盐类等矿物质，也包括混入饲料中的沙石、土等，故称为粗灰分。

【仪器和试剂】

坩埚，电炉，马弗炉，干燥器。

【测定步骤】

将干净坩埚放入高温炉，在(550±20)℃下灼烧 30 min，取出，在空气中冷却约 1 min，放入干燥器，冷却 30 min，称其重量，再重复灼烧，冷却，直至两次重量之差小于 0.000 5 g 为恒重。

在已恒重的坩埚中准确称取 2～5 g 试样，准确至 0.000 1 g，在电炉上小心炭化，在炭化过程中，应将试样加热灼烧至无烟，再放入高温炉，于(550±20)℃下灼烧 3 h。取出在空气中冷却 1 min，放入干燥器中冷却 30 min，称重。再同样灼烧 1 h，冷却，称重，直至两次重量之差小于 0.000 1 g 为恒重。

【结果计算】

$$粗灰分=\frac{W_2-W_0}{W_1-W_0}\times 100\%$$

式中：W_0 为坩埚的重量(g)；W_1 为坩埚＋试样重(g)；W_2 为 550℃灰化后坩埚＋灰分的重量(g)。

二、饲料中钙含量的测定(高锰酸钾法)

【实验原理】

将试样中有机物破坏，钙变成溶于水的离子，加入草酸铵使之全部生成沉淀，用酸溶解后再用高锰酸钾法间接测定钙含量。

【仪器和试剂】

仪器：50 mL 酸式滴定管，400 mL 烧杯，10 mL 量筒，100 mL 量筒，漏斗，漏斗架，表面皿，100 mL 容量瓶，试管。

试剂：1∶3 HCl(体积比，后同)，1∶3 H_2SO_4，1∶1 氨水，1∶50 氨水，4.2%$(NH_4)_2C_2O_4$，0.1%甲基红，0.05 $mol\cdot L^{-1}$ 1/5 $KMnO_4$ 标准溶液。

【测量步骤】

1. 试样定容

用量筒量取 10 mL 1∶3 HCl 溶液，先加入坩埚中适量，溶解灰分(按粗灰分测定中步骤)后转入干净小烧杯中，用剩余盐酸溶液冲洗坩埚，再用少量蒸馏水冲洗坩埚数次，至坩埚洗净，洗液全部倒入小烧杯，同时在小烧杯中滴加浓硝酸数滴，加热煮沸数分钟，趁热过滤入 100 mL 容量瓶，冷却后定容至刻度，摇匀后备用。

2. 试样的测定

准确移取试样分解液 10～20 mL(含钙量 20 mg 左右)于烧杯中，加蒸馏水 100 mL，甲基红指示剂 2 滴，滴加 1∶1 氨水溶液至溶液呈橙色，再加 1∶3 HCl 溶液至恰变红色(pH 2.5～3.0)，小心煮沸，慢慢滴加 4.2% $(NH_4)_2C_2O_4$ 溶液 10 mL，且不断搅拌，如溶液变橙色，应补滴盐酸溶液至红色，煮沸数分钟，放置过夜使沉淀陈化(或在水浴上加热 2 h)。

用滤纸过滤，用 1∶50 氨水溶液洗沉淀 6～8 次，至无 $C_2O_4^{2-}$，测定$(NH_4)_2C_2O_4$。洗净的方法如下：用试管接滤液 2～3 mL，在滤液中加 1∶3 H_2SO_4 溶液数滴，试管加热至 80℃时，再加 $KMnO_4$ 溶液 1 滴，呈微红色，且 0.5 min 不褪色即可。

将沉淀和滤纸转入锥形瓶，加 1∶3 H_2SO_4 10 mL，蒸馏水 50 mL，加热至 75～80℃，用 0.05 mol·L^{-1}(1/5 $KMnO_4$)标准溶液滴定，溶液呈粉红色且 0.5 min 不褪色为终点。同时进行空白溶液的测定

【结果计算】

$$\omega(\mathrm{Ca})=\frac{(V-V_0)\times c(1/5\mathrm{KMnO_4})\times M(1/2\mathrm{Ca})}{m\times\frac{V'}{100}}\times\frac{1}{1\ 000}\times100\%$$

式中：V 为 0.05 mol·L^{-1} 1/5$KMnO_4$ 标准溶液之用量(mL)；V_0 为测空白时，0.05 mol·L^{-1} 1/5 $KMnO_4$ 标准溶液之用量(mL)；V' 为滴定时移取试样分解液体积(mL)；m 为试样重量(g)。

三、饲料中总磷量的测定

【实验原理】

试样中的有机物破坏，使磷游离出来，在酸性溶液中，用钒钼酸铵处理生成黄色的 $(NH_4)_3PO_4NH_4VO_3\cdot16MoO_3$，在波长 420 nm 下进行比色测定。

【仪器和试剂】

仪器：50 mL 容量瓶，10 mL 移液管，分光光度计，分析天平，洗耳球，洗瓶。

试剂：

(1)钒钼酸铵显色剂：称取偏钒酸铵 1.25 g，加硝酸 250 mL，另称钼酸铵 25 g，加入 400 mL蒸馏水溶解之，在冷却的条件下，将两种溶液混合，用蒸馏水定容 1 000 mL。避光保存，若生成沉淀，则不能继续使用。

(2)磷标准溶液：将磷酸二氢钾在 105℃干燥 1 h，在干燥器中冷却后准确称取 0.2 195 g，溶解于适量的蒸馏水，定量转入 1 000 mL 容量瓶中，加硝酸 3 mL，用蒸馏水稀释至刻度，摇匀，即为 50 μg/mL 的磷标准溶液。

【测定步骤】

1. 标准曲线的制作

准确移取 0.00、1.00、2.00、4.00、6.00、8.00、10.00、12.00、15.00 mL 磷标准溶液于 9 个已编号的 50 mL 容量瓶中，各加钒钼酸铵显色剂 10 mL，用蒸馏水稀释至刻度，摇匀，常温下放置 10 min 以上，以 0.00 mL 溶液为参比，用 1 cm 比色皿，在 420 nm 波长下，用分光光度计测定各溶液的吸光度。以磷含量为横坐标，吸光度值为纵坐标绘制标准曲线。

2. 试样的测定

准确移取试样分解液(同钙的测定)1～10 mL(含磷量 50～750 g)，于 50 mL 容量瓶中，加入钒钼酸铵显色剂 10 mL，按(1)的方法显色和比色测定，测定试样分解液的吸光度，从标准曲线查得试样分解液的含磷量。

【测定结果的计算】

$$\omega(\mathrm{P})=\frac{x}{m\times10^6\times\frac{V}{100}}\times100\%$$

式中：m 为试样的重量(g)；x 为由标准曲线查得试样分解液含磷量(μg)；V 为移取试样分解液的体积(mL)；所得到的结果应准确到 0.01%。

思 考 题

1. 测钙时，用高锰酸钾法为何本实验不选用 EDTA 配位滴定法测钙？

2. 测磷时，选用钼黄光度法，为何不选用钼蓝光度法？

实验十 电导率法测定硫酸钡的溶度积

【实验目标】

1. 熟悉沉淀的生成、陈化、离心分离、洗涤等基本操作。

2. 了解饱和溶液的配制。

3. 了解难溶电解质溶度积测定的一种方法。

4. 复习巩固电导率仪的使用。

【实验原理】

难容电解质的溶解度很小，很难直接测定。但是，只要有溶解作用，溶液中就会有电离出来的带电离子，就可以通过测定该溶液的电导或电导率，再根据电导与浓度的关系，计算出难溶电解质的溶解度，从而换算出溶度积。

1. 电导和电导率

电解质溶液导电能力的大小，可以用电阻 R 或电导 G 来表示，两者互为倒数，即：

$$G=\frac{1}{R}$$

电导的单位为西(西门子)，符号为 S。

在一定温度下，两电极间溶液的电阻 R 与两极间的距离 l 成正比，与电极面积 A 成反比：

$$R\propto\frac{l}{A} \quad 引入比例系数得：R=\rho\frac{l}{A}$$

比例系数 ρ，称为电阻率，其倒数称为电导率，以 k 表示。即：

$$k=\frac{1}{\rho}，单位为\ S\cdot m^{-1}$$

由电阻率 ρ 和电导 G 可得：$k=G\dfrac{l}{A}$

电导率 k 表示相距 1 m，面积为 1 m^2 的两个电极之间的电导，$\dfrac{l}{A}$称为电极常数或电导池常数，对于某给定的电极来说，一般是由制造厂给出，但也可以通过测定已知电导率的溶液的电导，计算得出。

由于实际应用中 G 的单位 S 太大，因此常采用毫西（mS）或微西（μS），而 l 的单位则用 cm 表示，即 $1\ S\cdot cm^{-1}=10^3\ mS\cdot cm^{-1}=10^6\ \mu S\cdot cm^{-1}$。

2. 摩尔电导率和溶度积

在一定温度下，相距 1 m 的两个平行电极之间，含有 1 mol 电解质溶液的电导率，称为摩尔电导，以 Λ_m（希腊字母，名字 lambda）表示，单位为 $S\cdot cm^2\cdot mol^{-1}$ 即：

$$\Lambda_m=\frac{k}{c}$$

对于溶解度很小的 $BaSO_4$，只要测得其饱和溶液的电导率或电导就可算出 $BaSO_4$ 的溶解度，进而算出其溶度积：

$$c(BaSO_4)=\frac{k(BaSO_4)}{\Lambda_m(BaSO_4)}$$

在 $BaSO_4$ 的饱和溶液中，存在着下列平衡：

$$BaSO_4(s)\rightleftharpoons Ba^{2+}+SO_4^{2-}$$

一定温度下，$BaSO_4$ 的溶度积为：

$$K_{sp}^{\ominus}(BaSO_4)=\{c(Ba^{2+})/c^{\ominus}\}\{c(SO_4^{2-})/c^{\ominus}\}=\{c(BaSO_4)/c^{\ominus}\}^2$$

但实验中，所测得的 $BaSO_4$ 饱和溶液的电导率或电导，包含有水电离出的 H^+ 和 OH^-，所以计算时必须减去，即：

$$k(BaSO_4)=k(BaSO_4\ 溶液)-k(H_2O)$$

$BaSO_4$ 的溶解度：$S=\dfrac{k(BaSO_4)}{1\,000\Lambda_m(BaSO_4)}=\dfrac{k(BaSO_4\ 溶液)-k(H_2O)}{1\,000\times 287.28}$　　单位：mol/L

$BaSO_4$ 的溶度积：$K_{sp}^{\ominus}(BaSO_4)=S^2=\left\{\dfrac{k(BaSO_4\ 溶液)-k(H_2O)}{1\,000\times 287.28}\right\}^2$

【仪器与试剂】

仪器：雷磁 DDS-11A 型电导率仪、离心机、DJS-1 型铂光亮电极。

试剂：0.05 mol/L H_2SO_4，0.05 mol/L $BaCl_2$，0.01 mol/L $AgNO_3$。

【操作步骤】

1. $BaSO_4$ 沉淀的制备

(1)分别取 $0.05\ mol\cdot L^{-1}\ BaCl_2$ 和 $0.05\ mol\cdot L^{-1}\ H_2SO_4$ 溶液各 30 mL，分别倒入小烧杯中。

(2)将 H_2SO_4 溶液加热至近沸时，在不断搅拌下，逐滴将 $BaCl_2$ 溶液加入到 H_2SO_4 溶液中，加完后以表面皿作盖，继续加热煮沸 5 min，再小火保温 10 min，搅拌数分钟后，取消静止、陈化。当沉淀上面的溶液呈请时，用倾析法倾去上层清液。

(3)将沉淀和少量余液，用玻璃棒搅成乳状，分次转移至离心管中，进行离心分析，弃去溶液。

(4)在小烧杯中盛约 40 mL 蒸馏水，加热近沸，用其洗涤离心管中 $BaSO_4$ 沉淀：每次加入

4～5 mL 水，用玻璃棒将沉淀充分搅混，再离心分离，弃去洗涤液。重复洗涤至洗涤液中无 Cl^- 为止(一般洗涤至第四次时，就可进行有无 Cl 的检查)。如何检查 Cl^-？

2. $BaSO_4$ 饱和溶液的制备

在上面制得的纯 $BaSO_4$ 沉淀中，加入少量水，用玻璃棒将沉淀搅混后，全部转移到小烧杯中，再加蒸馏水 60 mL，搅拌均匀后，以表面皿作盖，加热煮沸 3～5 min 稍冷后，载置于冷水浴中搅拌 5 min，重新浸在另一盛有少量冷水的水浴中静置、冷却至室温。当沉淀至上面的溶液澄清时，即可进行电导或电导率的测定。

3. 电导率的测定

(1)测定配制 $BaSO_4$ 饱和溶液的蒸馏水的电导率。

(2)测定 $BaSO_4$ 饱和溶液的电导率。

【数据记录及结果讨论】

室温______℃

物理量	测定值
$K(H_2O)/(\mu S\cdot cm^{-1})$	
$K(BaSO_4$ 溶液$)/(\mu S\cdot cm^{-1})$	
$K_{sp}(BaSO_4)$	

思考题

1. 制备 $BaSO_4$ 时，为什么要洗至无 Cl^-？
2. 制备 $BaSO_4$ 饱和溶液时，溶液底部一定要有沉淀吗？
3. 在测定 $BaSO_4$ 的电导时，水的电导能不能忽略？

实验十一　乙酰水杨酸(阿司匹林)的合成

【实验目标】

1. 学习用乙酸酐作酰基化试剂酰化水杨酸制乙酰水杨酸的酯化方法。
2. 巩固重结晶、熔点测定、抽滤等基本操作。
3. 了解乙酰水杨酸的应用价值。

【实验原理】

阿司匹林由水杨酸(邻羟基苯甲酸)与醋酸酐进行酯化反应而得。水杨酸可由水杨酸甲酯，即冬青油(由冬青树提取而得)水解制得。

反应式：

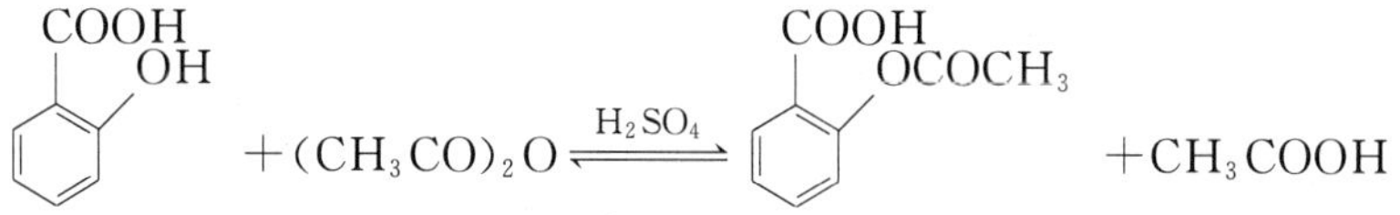

【仪器与试剂】

仪器：水浴锅、锥形瓶、水泵、抽滤瓶、布氏漏斗。

试剂：水杨酸、乙酸酐、浓硫酸、冰、饱和 $NaHCO_3$ 水溶液、浓盐酸。

【操作步骤】

(1)称 3.0 g 水杨酸放入 150 mL 干燥的锥形瓶中，慢慢加入新蒸馏的 4.5 mL 醋酸酐，滴加 6 滴浓硫酸，并摇匀[1]，水浴加热[2](温度 90℃)30 min 后，摇动锥形瓶，使乙酰化反应尽可能完全。

(2)冷却至室温，再放入冰水中冷却片刻后，观察有无晶体出现。如果无晶体出现，用玻璃棒(带尖头)摩擦瓶壁内侧(促使结晶)片刻，再放入冰水中冷却，待析出晶体后，加入 80 mL 冰水，继续冷却，使其析晶完全。

(3)再将锥形瓶中所有物质倒入布氏漏斗中抽气过滤。锥形瓶用 8 mL 冷水洗涤两次，洗涤液倒入布氏漏斗中，继续抽气至干得到粗产品。

(4)后处理：将粗产品转移至锥形瓶中，加入 25 mL 饱和碳酸氢钠溶液，搅拌至无气体产生，减压抽滤，8 mL 冷水洗涤两次。再将抽转移至烧杯中，边搅拌边倾入 10 mL 水和 5 mL 浓盐酸后，冷却使晶体析出完全，抽滤，少量冷水洗涤两次，烘干，称量。产物熔点：134～136℃。

注释：

[1]仪器要全部干燥，药品也要经干燥处理，醋酸酐要使用新蒸馏的，收集 139～140℃的馏分。

[2]本实验中要注意控制好温度(水温 90℃)。

思考题

1. 水杨酸与醋酸酐的反应过程中，浓硫酸的作用是什么？
2. 在硫酸存在下，水杨酸与乙醇作用将得到什么产物？写出反应方程式。
3. 本实验中可产生什么副产物？如何除去？

附　录

附录一　实验室常用洗涤剂

名　称	配制方法	使　用
合成洗涤剂	将合成洗涤剂粉用热水搅拌配成浓溶液	用于一般洗涤，一定要用毛刷反复刷洗，冲净
重铬酸钾洗液	取 $K_2Cr_2O_7$(L. R.)20 g 于 500 mL 烧杯中，加水 40 mL，加热溶解，冷后沿烧杯壁在搅拌下缓慢加入 320 mL 浓 H_2SO_4 即成(边加边搅拌)，储于磨口细口瓶中，盖紧	具有强氧化性和强酸性，用于洗涤油污及有机物，使用前应先尽量除去仪器内的水，防止洗液被水稀释。用后倒回原瓶，可反复使用。红棕色变为绿色时，即已失效
高锰酸钾碱性洗液	取 $KMnO_4$(L. R.)4 g 溶于少量水中，缓慢加入 100 mL 10%NaOH 溶液	用于洗涤油污及有机物。洗后玻璃壁上附着的 MnO_2 沉淀，可用粗亚铁盐或 Na_2SO_3 溶液洗去
氢氧化钠-乙醇溶液	取 120 g NaOH 溶于 150 mL 水中，用 95%乙醇稀释至 1 L	用于洗涤油污及某些有机物
酒精-浓硝酸		用于洗涤沾有有机物或油污的结构复杂的仪器，洗涤时先加入少量酒精于脏仪器中，再加入少量浓硝酸
盐酸	取 HCl(C. P.)与水以 1∶1 体积混合，也可加入少量 $II_2C_2O_4$	为还原性强酸洗涤剂，可洗去多种金属氧化物及金属离子
盐酸 乙醇洗液	取 HCl(C. P.)与乙醇以 1∶2 体积混合	主要用丁洗涤被染色的洗手池、比色皿、吸量管等

附录二 常用酸、碱溶液的相对密度和浓度

名称及化学式	相对密度(d_4^{20})	质量分数/%	物质的量浓度/($mol \cdot L^{-1}$)
盐酸(HCl)	1.18～1.19	36～38	12
硫酸(H_2SO_4)	1.83～1.84	95～98	17.8～18.4
硝酸(HNO_3)	1.39～1.40	65～68	14.4～15.2
磷酸(H_3PO_4)	1.69	85	14.6
高氯酸($HClO_4$)	1.67～1.68	70～72	11.7～12.0
氢溴酸(HBr)	1.49	47	8.6
氢氟酸(HF)	1.13～1.14	40	22.5
冰醋酸(HAc)	1.05	99.0	17.4
醋酸(HAc)	1.05	37	6.0
氨水(NH_3)	0.88～0.90	25～28	13.3～14.8

附录三　常用有机溶剂的沸点、密度

名称	沸点/℃	密度 d_4^{20}	名称	沸点/℃	密度 d_4^{20}
甲醇	64.96	0.791 4	苯	80.1	0.878 65
乙醇	78.5	0.789 3	甲苯	110.6	0.866 9
乙醚	34.51	0.713 78	氯仿	61.7	1.483 2
丙酮	56.2	0.789 9	四氯化碳	76.54	1.594 0
乙酸	117.9	1.049 2	二硫化碳	46.25	1.203 2
乙酐	139.55	1.082 0	硝基苯	210.8	1.203 7
乙酸乙酯	77.06	0.900 3	正丁醇	117.25	0.809 8

附录四 常用指示剂

(一)酸碱指示剂(18～25℃)

指示剂名称	变色 pH 范围	颜色变化	配制方法
甲基紫(第一变色范围)	0.13～0.5	黄—绿	0.1%或 0.05%的水溶液
甲基紫(第二变色范围)	1.0～1.5	绿—蓝	0.1%水溶液
百里酚蓝(麝香草酚蓝)(第一变色范围)	1.2～2.8	红—黄	0.1 g 指示剂溶于 100 mL 20%乙醇
甲基紫(第三变色范围)	2.0～3.0	蓝—紫	0.1%水溶液
甲基橙	3.1～4.4	红—橙黄	0.1%水溶液
溴酚蓝	3.0～4.6	黄—蓝	0.1%g 指示剂溶于 100 mL 20%乙醇
刚果红	3.0～5.2	蓝紫—红	0.1%水溶液
溴甲酚绿	3.8～5.4	黄—蓝	0.1 g 指示剂溶于 100 mL 20%乙醇
甲基红	4.4～6.2	红—黄	0.1 或 0.2 g 指示剂溶于 100 mL 60%乙醇
溴酚红	5.0～6.8	黄—红	0.1 或 0.04 g 指示剂溶于 100 mL 20%乙醇
溴百里酚蓝	6.0～7.6	黄—蓝	0.05 g 指示剂溶于 100 mL 20%乙醇
中性红	6.8～8.0	红—亮黄	0.1 g 指示剂溶于 100 mL 60%乙醇
酚红	6.8～8.0	黄—红	0.1 g 指示剂溶于 100 mL 20%乙醇
甲酚红	7.2～8.8	亮黄—紫红	0.1 g 指示剂溶于 100 mL 50%乙醇
百里酚蓝(麝香草酚蓝)(第二变色范围)	8.0～9.0	黄—蓝	0.1 g 指示剂溶于 100 mL 20%乙醇
酚酞	8.2～10.0	无色—紫红	0.1 g 指示剂溶于 100 mL 60%乙醇
百里酚酞	9.4～10.6	无色—蓝	0.1 g 指示剂溶于 100 mL 90%乙醇

(二)酸碱混合指示剂

指示剂溶液的组成	变色点 pH	颜色		备注
		酸色	碱色	
三份 0.1%溴甲酚绿乙醇溶液 一份 0.2%甲基红乙醇溶液	5.1	酒红	绿	
一份 0.2%甲基红乙醇溶液 一份 0.1%次甲基蓝乙醇溶液	5.4	红紫	绿	pH 5.2 红紫 pH 5.2 暗蓝 pH 5.6 绿
一份 0.1%溴甲酚绿钠盐水溶液 一份 0.1%氯酚红钠盐水溶液	6.1	黄绿	蓝紫	pH 5.4 蓝绿 pH 5.8 蓝 pH 6.2 蓝紫
一份 0.1%中性红乙醇溶液 一份 0.1%次甲基蓝乙醇溶液	7.0	蓝紫	绿	pH 7.0 蓝紫
一份 0.1%溴百里酚蓝钠盐水溶液 一份 0.1%酚红钠盐水溶液	7.5	黄	绿	pH 7.2 暗绿 pH 7.4 淡紫 pH 7.6 深紫
一份 0.1%甲酚红钠盐水溶液 三份 0.1%百里酚蓝钠盐水溶液	8.3	黄	紫	pH 8.2 玫瑰色 pH 8.4 紫色

(三)金属离子指示剂

指示剂名称	颜色变化		溶液配制方法
	化合物	游离态	
铬黑 T(EBT)	紫红	蓝橙	0.5%水溶液
二甲酚橙(XO)	红	黄	0.2%水溶液
K-B 指示剂	红	蓝	0.2 g 酸性铬蓝 K 与 0.4 g 萘酚绿 B 溶于 100 mL 水中
钙指示剂	酒红	蓝	0.5%的乙醇溶液
吡啶偶氮萘酚(PAN)	红	黄	0.1%的乙醇溶液

续表

指示剂名称	颜色变化		溶液配制方法
	化合物	游离态	
Cu-PAN(CuY-PAN 溶液)	红	浅绿	0.05 mol·L^{-1} Cu^{2+} 液 10 mL,加 pH 5～6 的 HAc 缓冲液 5 mL,1 滴 PAN 指示剂,加热至 60℃左右,用 EDTA 滴至绿色,得到约 0.025 mol·L^{-1} 的 CuY 溶液。使用时取 2～3 mL 于试液中,再加数滴 PAN 溶液
磺基水杨酸	红	无	1%的水溶液

注：EBT、钙指示剂、K-B 指示剂等在水溶液中稳定性较差,可以配成指示剂与 NaCl 之比为 1∶100 或 1∶200 的固体粉末。

(四)氧化还原指示剂

指示剂名称	$E^{\ominus}$/V[H^+]=1 mol·L^{-1}	颜色变化		溶液配制方法
		氧化态	还原态	
二苯胺	0.76	紫	无色	1%的浓 H_2SO_4 溶液
二苯胺磺酸钠	0.85	紫红	无色	0.5%的水溶液
N-邻苯氨基苯甲酸	1.08	紫红	无色	0.1 g 指示剂加 20 mL 5%的 Na_2CO_3 溶液,用水稀释至 100 mL
邻二氮菲-Fe(Ⅱ)	1.06	浅蓝	红	1.485 g 邻二氮菲加 0.965 g $FeSO_4$,溶解,稀释至 100 mL(0.025 mol·L^{-1}水溶液)
5-硝基邻二氮菲-Fe(Ⅱ)	1.25	浅蓝	紫红	1.608 g 5-硝基邻二氮菲加 0.695 g $FeSO_4$,溶解,稀释至 100 mL(0.025 mol·L^{-1}水溶液)

附录五　常用缓冲溶液

缓冲溶液组成	pK_a	缓冲液 pH	缓冲溶液配制方法
氨基乙酸-HCl	2.35(pK_{a_1})	2.3	取氨基乙酸 15.0 g 溶于 500 mL 水后，加浓 HCl 8 mL，水稀释至 1 L
H_3PO_4-柠檬酸盐		2.5	取 $Na_2HPO_4 \cdot 12H_2O$ 11.3 g 溶于 200 mL 水后，加柠檬酸 38.7 g，溶解，过滤后，稀释至 1 L
一氯乙酸-NaOH	2.86	2.8	取 20 g 一氯乙酸溶于 200 mL 水中，加 NaOH 4 g，溶解后，稀释至 1 L
邻苯二甲酸氢钾-HCl	2.95(pK_{a_1})	2.9	取 50 g 邻苯二甲酸氢钾溶于 500 mL 水中，加浓 HCl 8 mL，稀释至 1 L
甲酸-NaOH	3.76	3.7	取 9.5 g 甲酸和 4 g NaOH 于 500 mL 水中，溶解，稀释至 1 L
NaAC-HAC	4.74	4.7	取无水 NaAc 8.3 g 溶于水中，加冰 HAc 6.0 mL，稀释至 1 L
六亚甲基四胺-HCl	5.15	5.4	取六亚甲基四胺 40 g 溶于 200 mL 水中，加浓 HCl 10 mL，稀释至 1 L
Tris-HCl（三羟甲基氨甲烷 $CNH_2(HOCH_3)_3$）	8.21	8.2	取 25 g Tris 试剂溶于水中，加浓 HCl 8 mL，稀释至 1 L
NH_3-NH_4Cl	9.26	9.2	取 NH_4Cl 5.4 g 溶于水中，加浓氨水 6.3 mL，稀释至 1 L

注：(1)缓冲溶液配制后可用 pH 试纸检查。如 pH 不对，可用共轭酸或碱调节。pH 欲调节精确时，可用 pH 计调节。(2)若需增加或减少缓冲溶液的缓冲容量时，可相应增加或减少共轭酸碱对物质的量，再调节之。

附录六 常用基准物质的干燥条件及其应用

基准物质		干燥后的组成	干燥条件温度/℃	标定对象
名称	分子式			
碳酸氢钠	$NaHCO_3$	Na_2CO_3	270～300	酸
十水合碳酸钠	$Na_2CO_3\cdot10H_2O$	Na_2CO_3	270～300	酸
硼砂	$Na_2B_4O_7\cdot10H_2O$	$Na_2B_4O_7\cdot10H_2O$	放在装有 NaCl 和蔗糖饱和溶液的密闭器皿中	酸
碳酸氢钾	$KHCO_3$	K_2CO_3	270～300	酸
二水合草酸	$H_2C_2O_4\cdot2H_2O$	$H_2C_2O_4\cdot2H_2O$	室温空气干燥	碱或 $KMnO_4$
邻苯二甲酸氢钾	$KHC_8H_4O_4$	$KHC_8H_4O_4$	110～120	碱
重铬酸钾	$K_2Cr_2O_7$	$K_2Cr_2O_7$	140～150	还原剂
溴酸钾	$KBrO_3$	$KBrO_3$	130	还原剂
碘酸钾	KIO_3	KIO_3	130	还原剂
铜	Cu	Cu	室温干燥器中保存	还原剂
三氧化二砷	As_2O_3	As_2O_3	室温干燥器中保存	氧化剂
草酸钠	$Na_2C_2O_4$	$Na_2C_2O_4$	130	氧化剂
碳酸钙	$CaCO_3$	$CaCO_3$	110	EDTA
锌	Zn	Zn	室温干燥器中保存	EDTA
氧化锌	ZnO	ZnO	900～1 000	EDTA
氯化钠	NaCl	NaCl	500～600	$AgNO_3$
氯化钾	KCl	KCl	500～600	$AgNO_3$
硝酸银	$AgNO_3$	$AgNO_3$	220～250	氯化物

附录七　国际相对原子质量表(1997 年)

元素		相对原子质量	元素		相对原子质量	元素		相对原子质量	元素		相对原子质量
符号	名称		符号	名称		符号	名称		符号	名称	
Ac	锕	[227]	Er	铒	167.26	Mn	锰	54.938 05	Ru	钌	101.07
Ag	银	107.868 2	Es	锿	[254]	Mo	钼	95.94	S	硫	32.066
Al	铝	26.981 54	Eu	铕	151.964	N	氮	14.006 74	Sb	锑	121.760
Am	镅	[243]	F	氟	18.998 40	Na	钠	22.989 77	Sc	钪	44.955 91
Ar	氩	39.948	Fe	铁	55.845	Nb	铌	92.906 38	Se	硒	78.96
As	砷	74.921 60	Fm	镄	[257]	Nd	钕	144.24	Si	硅	28.085 5
Au	金	196.966 55	Ga	镓	69.723	Ni	镍	58.693 4	Sn	锡	118.710
B	硼	10.811	Gd	钆	157.25	No	锘	[259]	Sr	锶	87.62
Ba	钡	137.327	Ge	锗	72.61	Np	镎	237.048 2	Ta	钽	180.947 9
Be	铍	9.012 18	H	氢	1.007 94	O	氧	15.999 4	Tb	铽	158.925 34
Bi	铋	208.980 38	He	氦	4.002 60	Os	锇	190.23	Tc	锝	98.906 2
Bk	锫	[247]	Hf	铪	178.49	P	磷	30.973 76	Te	碲	127.60
Br	溴	79.904	Hg	汞	200.59	Pa	镤	231.035 88	Th	钍	232.04
C	碳	12.010 7	Ho	钬	164.930 32	Pb	铅	207.2	Ti	钛	47.867
Ca	钙	40.078	I	碘	126.904 47	Pd	钯	106.42	Tl	铊	204.383 3
Cd	镉	114.411	In	铟	114.818	Pm	钷	[145]	Tm	铥	168.934 21
Ce	铈	140.116	Ir	铱	192.217	Po	钋	[210]	U	铀	238.028 9
Cf	锎	[251]	K	钾	39.098 3	Pr	镨	140.907 65	V	钒	50.941 5
Cl	氯	35.452 7	Kr	氪	83.80	Pt	铂	195.078	W	钨	183.84
Cm	锔	[247]	La	镧	138.905 5	Pu	钚	[244]	Xe	氙	131.29
Co	钴	58.933 20	Li	锂	6.941	Ra	镭	226.025 4	Y	钇	88.905 85
Cr	铬	51.996 1	Lr	铹	[257]	Rb	铷	85.467 8	Yb	镱	173.04
Cs	铯	132.905 45	Lu	镥	174.967	Re	铼	186.207	Zn	锌	65.39
Cu	铜	63.546	Md	钔	[256]	Rh	铑	102.905 50	Zr	锆	91.224
Dy	镝	162.50	Mg	镁	24.305 0	Rn	氡	[222]			

附录八 化合物的摩尔质量

$g \cdot mol^{-1}$

化合物	摩尔质量	化合物	摩尔质量	化合物	摩尔质量
Ag_3AsO_4	462.52	CoS	90.99	HI	127.91
$AgBr$	187.77	$CoSO_4$	154.99	HIO_3	175.91
$AgCl$	143.32	$CoSO_4 \cdot 7H_2O$	281.10	HNO_2	47.01
$AgCN$	133.89	$Co(NH_2)_2$	60.06	HNO_3	63.01
$AgSCN$	165.95	$CrCl_3$	153.36	H_2O	18.015
$AgCrO_4$	331.73	$CrCl_3 \cdot 6H_2O$	266.45	H_2O_2	34.015
AgI	234.77	$Cr(NO_3)_3$	238.01	H_3PO_4	98.00
$AgNO_3$	169.87	Cr_2O_3	151.99	H_2S	34.08
$AlCl_3$	133.34	$CuCl$	99.00	H_2SO_3	82.07
$AlCl_3 \cdot 6H_2O$	241.43	$CuCl_2$	134.45	H_2SO_4	98.07
$Al(NO_3)_3$	213.00	$CuCl_2 \cdot 2H_2O$	170.48	$Hg(CN)_2$	252.63
$Al(NO_3)_3 \cdot 9H_2O$	375.13	$CuSCN$	121.62	$HgCl_2$	271.50
Al_2O_3	101.96	CuI	190.45	Hg_2Cl_2	472.09
$Al(OH)_3$	78.00	$Cu(NO_3)_2$	187.56	HgI_2	454.40
$Al_2(SO_4)_3$	342.14	$Cu(NO_3)_2 \cdot 3H_2O$	241.60	$Hg_2(NO_3)_2$	525.19
$Al_2(SO_4)_3 \cdot 18H_2O$	666.41	CuO	79.55	$Hg_2(NO_3)_2 \cdot 2H_2O$	561.22
As_2O_3	197.84	Cu_2O	143.09	HgO	216.59
As_2O_5	229.84	CuS	95.61	HgS	232.65
As_2S_3	246.02	$CuSO_4$	159.60	$HgSO_4$	296.65
$BaCO_3$	197.34	$CuSO_4 \cdot 5H_2O$	249.68	Hg_2SO_4	497.27
BaC_2O_4	225.35	$FeCl_2$	126.75	$Hg(NO_3)_2$	324.60
$BaCl_2$	208.24	$FeCl_2 \cdot 4H_2O$	198.81	$KAl(SO_4)_2 \cdot 12H_2O$	474.38
$BaCl_2 \cdot 2H_3O$	244.27	$FeCl_3$	162.21	KBr	119.00
$BaCrO_4$	253.32	$FeCl_3 \cdot 6H_2O$	270.31	$KBrO_3$	167.00
BaO	153.33	$Fe(NO_3)_3$	241.86	KCl	74.55
$Ba(OH)_2$	171.34	$Fe(NO_3)_3 \cdot 9H_2O$	404.33	$KClO_3$	122.55
$BaSO_4$	233.39	FeO	71.85	$KClO_4$	138.55
$BiCl_3$	315.34	Fe_2O_3	159.69	KCN	65.12
$BiOCl$	260.43	Fe_3O_4	231.54	$KSCN$	97.18
CO_2	44.10	$Fe(OH)_3$	106.87	K_2CO_3	138.21

续表

化合物	摩尔质量	化合物	摩尔质量	化合物	摩尔质量
CaO	56.08	FeS	87.91	K_2CrO_4	194.19
$CaCO_3$	100.09	Fe_2S_3	207.87	$K_2Cr_2O_7$	294.18
CaC_2O_4	128.10	$FeSO_4$	151.91	$K_3Fe(CN)_6$	329.25
$CaCl_2$	110.99	$FeSO_4 \cdot 7H_2O$	278.01	$K_4Fe(CN)_6$	368.35
$CaCl_2 \cdot 6H_2O$	219.08	$FeSO_4(NH_4)_2SO_4 \cdot 6H_2O$	392.13	$KFe(SO_4)_2 \cdot 12H_2O$	503.24
$Ca(NO_3)_2 \cdot 4H_2O$	236.15	$FeNH_4(SO_4) \cdot 12H_2O$	482.18	$KHC_2O_4 \cdot H_2O$	146.14
$Ca(OH)_2$	74.10	H_3AsO_3	125.94	$KHC_4O_4 \cdot H_2C_2O_4 \cdot 2H_2O$	254.19
$Ca(PO_4)_2$	310.18	H_3AsO_4	141.94	$KHC_4H_4O_6$	188.18
$CaSO_4$	136.14	H_3BO_3	61.83	$KHC_8H_4O_4$	204.23
$CdCO_3$	172.42	HBr	80.91	KH_2PO_4	136.08
$CdCl_2$	183.32	HCN	27.03	$KHSO_4$	136.16
CdS	144.47	$HCOOH$	46.06	KI	166.00
$Ce(SO_4)_2$	332.24	CH_3COOH	60.05	KIO_3	214.00
$Ce(SO_4)_2 \cdot 4H_2O$	404.30	H_2CO_3	62.03	$KIO_3 \cdot HIO_3$	389.91
$CoCl_2$	129.84	$H_2C_2O_4$	90.04	$KMnO_4$	158.03
$CoCl_2 \cdot 6H_2O$	237.93	$H_2C_2O_4 \cdot 2H_2O$	126.07	$KNaC_4H_4O_6 \cdot 4H_2O$	282.22
$Co(NO_3)_2$	182.94	HCl	36.46	KNO_2	85.10
$Co(NO_3)_2 \cdot 6H_2O$	291.03	HF	20.06	KNO_3	101.10
K_2O	94.20	$Na_2B_4O_7 \cdot 10H_2O$	381.37	$Pb(NO_3)_2$	331.21
KOH	56.11	$NaBiO_3$	279.97	PbO	223.20
K_2SO_4	174.25	$NaCN$	49.01	PbO_2	239.20
$MgCO_3$	84.31	$NaSCN$	81.07	$Pb_3(PO_4)_2$	811.54
$MgCl_2$	95.21	Na_2CO_3	105.99	PbS	239.26
$MgCl_2 \cdot 6H_2O$	203.30	$Na_2CO_3 \cdot 10H_2O$	286.14	$PbSO_4$	303.26
MgC_2O_4	112.33	$Na_2C_2O_4$	134.00	SO_2	64.06
$Mg(NO_3)_2 \cdot 6H_2O$	256.43	CH_3COONa	82.03	SO_3	80.06
$MgNH_4PO_4$	137.32	$CH_3COONa \cdot 3H_2O$	136.08	$SbCl_3$	228.11
MgO	40.30	$NaCl$	58.44	$SbCl_5$	299.02
$Mg(OH)_2$	58.32	$NaClO$	74.44	Sb_2O_3	291.50
$Mg_2P_2O_7$	222.55	$NaHCO_3$	84.01	Sb_2S_3	339.68
$MgSO_4 \cdot 7H_2O$	246.43	$Na_2HPO_4 \cdot 12H_2O$	358.14	SiF_4	104.08
$MnCO_3$	114.95	$NaH_2Y \cdot 2H_2O$	372.24	SiO_2	60.08
$MnCl_2 \cdot 4H_2O$	197.92	$NaNO_2$	69.00	$SnCl_2$	189.60
$Mn(NO)_3 \cdot 6H_2O$	287.04	$NaNO_3$	85.00	$SnCl_2 \cdot 2H_2O$	225.63
MnO	70.94	Na_2O	61.98	$SnCl_4$	260.50
MnO_2	86.94	Na_2O_2	77.98	$SnCl_4 \cdot 5H_2O$	350.58

续表

化合物	摩尔质量	化合物	摩尔质量	化合物	摩尔质量
MnS	87.00	NaOH	40.00	SnO_2	150.69
$MnSO_4$	151.00	Na_3PO_4	163.94	SnS	150.77
$MnSO_4 \cdot 4H_2O$	223.06	Na_2S	78.04	SrC_2O_4	147.63
NO	30.01	$Na_2S \cdot 9H_2O$	240.18	$SrCO_3$	175.64
NO_2	46.01	Na_2SO_3	126.04	$SrCrO_4$	203.61
NH_3	17.03	$NaSO_4$	142.04	$Sr(NO_3)_2$	211.63
CH_3COONH_4	77.08	$Na_2S_2O_3$	158.10	$Sr(NO_3)_2 \cdot 4H_2O$	283.69
NH_4Cl	53.49	$Na_2S_2O_3 \cdot 5H_2O$	248.17	$SrSO_4$	183.68
$(NH_4)_2CO_3$	96.09	$NiCl_2 \cdot 6H_2O$	237.70	$UO_2(CH_3COO)_2 \cdot 2H_2O$	424.15
$(NH_4)_2C_2O_4$	124.10	NiO	74.70	$ZnCO_3$	125.39
$(NH_4)_2C_2O_4 \cdot H_2O$	142.11	$Ni(NO_3)_2 \cdot 6H_2O$	290.80	ZnC_2O_4	153.40
NH_4SCN	76.12	NiS	90.76	$ZnCl_2$	136.29
NH_4HCO_3	79.06	$NiSO_4 \cdot 7H_2O$	280.86	$Zn(CH_3COO)_2$	183.74
$(NH_4)_2MoO_4$	196.01	P_2O_5	141.95	$Zn(CH_3COO)_3 \cdot 2H_2O$	219.50
NH_4NO_3	80.04	$PbCO_3$	267.21	$Zn(NO_3)_2$	189.39
$(NH_4)_2HPO_4$	132.06	PbC_2O_4	295.22	$Zn(NO_3)_2 \cdot 6H_2O$	297.48
$(NH_4)_2S$	68.14	$PbCl_2$	278.11	ZnO	81.38
$(NH_4)_2SO_4$	132.13	$PbCrO_4$	323.19	ZnS	97.44
NH_4VO_3	116.98	$Pb(CH_3COO)_2$	325.30	$ZnSO_4$	161.44、
Na_2AsO_2	191.89	$Pb(CH_3COO)_2 \cdot 3H_2O$	379.34	$ZnSO_4 \cdot 7H_2O$	287.54
$Na_2B_4O_7$	201.22	PbI_2	461.01		

参 考 文 献

[1]李爱勤,杨新玲.化学实验技术.北京:中国农业大学出版社,2009.
[2]刘淑娜,童岩.实验化学.西安:西北工业大学出版社,2007.
[3]初玉霞.化学实验技术.北京:高等教育出版社,2006.
[4]叶芬霞.无机及分析化学实验.北京:高等教育出版社,2005.
[5]冶保献,等.分析化学实验.郑州:河南科学技术出版社,1998.
[6]廖戎.基础化学实验.北京:化学工业出版社,2013.
[7]高绍康,陈建中.基础化学实验.北京:化学工业出版社,2013.
[8]罗志刚.基础化学实验技术.广州:华南理工大学出版社,2002.
[9]张升晖,杨春海 .化学实验.北京:中国计量出版社,2007.
[10]高职高专化学教材编写组.分析化学实验.北京:高等教育出版社,2002.
[11]高职高专化学教材编写组.分析化学.北京:高等教育出版社,2002.
[12]高职高专化学教材编写组.有机化学实验.北京:高等教育出版社,2002.